CH/Z 9018—2012

目　次

前言	Ⅲ
1 范围	1
2 规范性引用文件	1
3 术语和缩略语	1
3.1 术语	1
3.2 缩略语	1
4 元数据数据字典	2
4.1 结构说明	2
4.1.1 内容	2
4.1.2 定义项	2
4.2 数据字典	4
4.2.1 元数据实体集信息	4
4.2.2 标识信息	5
4.2.3 限制信息	14
4.2.4 地理信息质量信息	15
4.2.5 空间表示信息	16
4.2.6 参照系信息	17
4.2.7 内容信息	21
4.2.8 分发信息	22
4.2.9 数据类型信息	23
4.2.10 代码表	34
5 XML模式实现	44
5.1 编码规则	44
5.1.1 元数据类编码为XML模式的基本规则	44
5.1.2 元数据实体	44
5.1.3 代码表	47
附录A（资料性附录） XML模式文件	48
参考文献	71

前 言

本指导性技术文件的起草规则依据 GB/T 1.1—2009。

本指导性技术文件由国家测绘地理信息局提出并归口。

本指导性技术文件起草单位：国家基础地理信息中心。

本指导性技术文件主要起草人：周旭、刘若梅、查祝华、贾云鹏、蒋景瞳、路平、周治武。

CH/Z 9018—2012

地理信息网络分发服务元数据内容规范

1 范围

本指导性技术文件规定了地理信息在网络分发中所需要的元数据内容及其 XML 编码方法,并给出了实现该内容结构的 XML 模式。

本指导性技术文件适用于数字形式的数据集,也适用于在线服务、地图、图表和文本等形式地理信息的编目、描述和分发服务网站的信息服务。

2 规范性引用文件

下列文件对于本文件的应用是必不可少的。凡是注日期的引用文件,仅注日期的版本适用于本文件。凡是不注日期的引用文件,其最新版本(包括所有的修改单)适用于本文件。

GB/T 2659—2000 世界各国和地区名称代码
GB/T 4880.2—2000 语种名称代码 第2部分:3字母代码
GB/T 7408—2005 数据元和交换格式 信息交换 日期和时间表示法
GB/T 13989—2012 国家基础比例尺地形图分幅和编号
GB/T 19710—2005 地理信息 元数据
GB/Z 24357—2009 地理信息 元数据 XML模式实现

3 术语和缩略语

GB/T 19710—2005 和 GB/Z 24357—2009 界定的术语以及下列术语和缩略语适用于本文件。

3.1 术语

3.1.1
地理信息资源 geo-information resource
与地理信息生产、加工、管理、利用相关的各种类型的数据、资料、软件、硬件以及机构等。

3.1.2
网络服务 web service
根据 W3C 的定义,网络服务是设计用于支持网络上机器与机器之间可互操作的软件系统,它具有用机器可处理格式(即 WSDL)描述的接口。其他系统通过该网络服务规定的 SOAP 消息机制与其交互,消息通常以 XML 进行编码,遵循其他与网络相关的标准,通过 HTTP 进行传递。

3.1.3
网络分发服务系统 network based information dissemination system
通过网络辅助实现信息分发过程的一个计算机信息系统。

3.2 缩略语

CSW 基于网络的目录服务(catalogue service for web)
DEM 数字高程模(digital elevation model)

GIS   地理信息系统(geographic information system)
HTTP   超文本传输协议(hypertext transfer protocol)
ISO   国际标准化组织(International Standard Organization)
IUGG   国际大地测量学与地球物理学联合会(International Union of Geodesy and Geophysics)
IAG   国际大地测量协会(International Association of Geodesy)
OGC   开放式地理信息系统联盟(Open GIS Consortium)
SGML   标准通用标记语言(standard generalized markup language)
SOAP   简单对象访问协议(simple object access protocol)
URL   统一资源定位器(uniform resource locator)
URI   统一资源标识符(uniform resource identifier)
W3C   万维网联盟(World Wide Web Consortium)
WCS   网络覆盖服务(web coverage service)
WFS   网络要素服务(web feature service)
WKT   通用文本格式(well-known text)
WMS   网络制图服务(web mapping service)
WSDL   网络服务描述语言(web service description language)
XML   可扩展置标语言(extensible markup language)
XSD   XML模式定义(XML schema definition)
XCT   XML类类型(XML class type)
XCPT   XML类特性类型(XML class property type)
XCGE   XML类全局元素(XML class global element)

4 元数据数据字典

4.1 结构说明

4.1.1 内容

元数据数据字典分为若干子集,包括元数据实体集、标识、限制、地理信息质量、空间表示、参照系、内容、分发、数据类型。数据字典中对每个元数据实体和元数据元素通过4.1.2.1～4.1.2.7规定的七个方面进行定义。

注:后文表格中,背景色为灰色的行是元数据实体,其他行为元数据元素,数据字典的七个方面各占一列。

4.1.2 定义项

4.1.2.1 名称/角色名称

名称是赋给元数据实体或元数据元素的一个标记。元数据实体的英文名称开头为大写字母,由多个单词连写,中间没有空格,其中每一个新的单词开头为大写字母(如XnnnYmmm)。元数据实体名称在本指导性技术文件的整个数据字典中是唯一的。元数据元素名称的英文名称开头为小写字母,由多个单词连写,中间没有空格,其在元数据实体中是唯一的,但在本指导性技术文件的整个数据字典中不需要唯一。元数据实体名称和元数据元素名称的组合,可以使元数据元素名称在一个应用中唯一。

角色名称用于标识对元数据抽象模型的关联,并以"角色名称:"为前缀,以区别于其他元数据元素。

4.1.2.2 缩写名和域代码

非代码表和非枚举表构造型的类对应的元数据元素用缩写名表示。缩写名在本指导性技术文件中是唯一的,能被 XML、SGML 或其他类似的实现技术使用。采用类似于元数据实体名称和元数据元素名称的命名规则生成缩写名。

代码表或枚举表构造型的类对应的元数据元素用域代码,用于说明其代码。

4.1.2.3 说明

说明元数据实体或元数据元素的含义。

4.1.2.4 约束/条件

4.1.2.4.1 概述

说明一个元数据实体或元数据元素是否应选用,M 表示必选,C 表示条件必选,O 为可选。

4.1.2.4.2 必选

元数据实体或元数据元素应选用。

4.1.2.4.3 条件必选

说明元数据实体或元数据元素是否选用的条件。当该条件满足时,至少有一个元数据实体或元数据元素必选。"条件必选"用于以下三种情况,出现任意一种情况,则该实体或元素必选:

- 表示在多个元数据实体或元数据元素中应且只应选择一个。
- 当另一个元数据元素被选用时,指定的元数据实体或元数据元素也应被选用。
- 当另一个元数据元素取某一特定值时,指定的元数据元素应选用。为便于阅读,特定值使用纯文本表达,但在接口中应用特定值对应的代码进行条件检查。

4.1.2.4.4 可选

根据实际情况,元数据实体或元数据元素可选用,也可不选用。如果一个可选实体未被选用,则该实体所包含的元素(包括必选元素)也不被选用。可选实体可包含必选元素,但该实体被选用时,这些元素才成为必选。

4.1.2.5 最大出现次数

说明元数据实体或元数据元素可以出现次数的最大数目。只出现一次用"1"表示;固定出现若干次时,用相应数字表示,如"2""3"等;不固定但可以重复出现用"N"表示。

4.1.2.6 数据类型

说明元数据元素的取值类型,如整型、实型、字符串型、日期型、日期时间型、布尔型等。同时,定义元数据实体、构造型和元数据关联。

4.1.2.7 域

对于元数据实体,通过列出该实体包含的序号范围说明该实体包含的元数据元素。

对于元数据元素,说明取值范围。如果是"自由文本",表明对元素取值没有限制。

4.2 数据字典

4.2.1 元数据实体集信息

元数据实体集信息的内容见表1。

表 1 元数据实体集

序号	名称/角色名称	名称/角色名称（英文）	缩写名	说明	约束/条件	最大出现次数	数据类型	域
1	MD_元数据	MD_Metadata	Metadata	定义有关地理信息资源元数据的根实体	M	1	类	
2	文件标识符	fileIdentifier	mdFileID	元数据文件的唯一标识符	M	1	字符串型	自由文本
3	所属元数据集合的标识符	parentIdentifier	mdParentID	所属元数据集合唯一标识符	O	1	字符串型	自由文本
4	语种	language	mdLang	元数据采用的语言	O	1	字符串型	见 GB/T 4880.2—2000，可使用其他部分
5	字符集	characterSet	mdChar	元数据采用的字符编码标准的全名	O	1	类	MD_字符集代码《代码表》（见4.2.10.5）
6	层级名称	hierarchyLevelName	mdHrLvName	元数据描述对象对应的层级	O	1	字符串型	自由文本
7	联系单位	contact	mdContact	对元数据信息负责的单位	M	N	类	CI_负责单位《数据类型》（见4.2.9.2.2）
8	元数据创建日期	dateStamp	mdDateSt	元数据创建的日期	M	1	日期型	CCYY-MM-DD（见 GB/T 7408—2005）
9	元数据标准名称	metadataStandardName	mdStanName	执行的元数据标准（包括专用标准）名称	O	1	字符串型	自由文本

表 1（续）

序号	名称/角色名称	名称/角色名称（英文）	缩写名	说明	约束/条件	最大出现次数	数据类型	域
10	元数据标准版本	metadataStandardVersion	mdStanVer	执行的元数据标准（包括专用标准）版本	O	1	字符串型	自由文本
11	角色名称：地理信息资源标识信息	Role name: identificationInfo	dataIdInfo	元数据描述的地理信息资源的基本信息	M	N	关联	MD_标识《抽象》（见4.2.2）
12	角色名称：地理信息质量信息	Role name: dataQualityInfo	dqInfo	提供地理信息质量的总体评价信息	M	N	关联	DQ_地理信息质量（见4.2.4）
13	角色名称：空间表示信息	Role name: spatialRepresentationInfo	spatRepInfo	数据集空间信息的数字表示	O	N	关联	MD_空间表示《抽象》（见4.2.5）
14	角色名称：参照系信息	Role name: referenceSystemInfo	refSysInfo	数据集使用的空间和时间参照系说明	O	N	关联	MD_参照系（见4.2.6）
15	角色名称：内容信息	Role name: contentInfo	contInfo	提供要素类目信息，并说明数据覆盖层及影像数据特征	O	N	关联	MD_内容（见4.2.7）
16	角色名称：分发信息	Role name: distributionInfo	distInfo	提供获取地理信息资源所需要的分发方信息	O	1	关联	MD_分发（见4.2.8）

4.2.2 标识信息

4.2.2.1 简介

标识信息的内容见表 2。

表 2 标识信息

序号	名称/角色名称	名称/角色名称（英文）	缩写名	说明	约束/条件	最大出现次数	数据类型	域
17	MD_标识	MD_Identification	Ident	唯一标识地理信息资源所需的基本信息	☆[1]	※[2]	聚集类（MD_元数据）《抽象》	18~71
18	引用	citation	idCitation	地理信息资源引用的资料	M	1	类	CI_引用《数据类型》（见4.2.9.2.1）
19	摘要	abstract	idAbs	地理信息资源内容的简单说明	M	1	字符串型	自由文本
20	目的	purpose	idPurp	地理信息资源开发目的的说明	O	1	字符串型	自由文本
21	语种	language	dataLang	数据集采用的语言	M	1	字符串型	见GB/T 4880.2—2000，可使用其他部分
22	状况	status	idStatus	地理信息资源的状况	O	N	类	MD_进展代码《代码表》（见4.2.10.9）
23	联系方	pointOfContact	idPoC	与地理信息资源有关的人或单位的标识，以及与其通信的方法	O	N	类	CI_负责单位《数据类型》（见4.2.9.2.2）
24	关键词	keyword	keyword	能反映地理信息资源内容的主题词	O	N	字符串型	自由文本
25	角色名称：浏览图	Role name: GraphOverview	graphOver	用图解方法说明地理信息资源（应包括图例）的略图	O	N	关联	MD_浏览图（见4.2.2.2）

1）为使表格简洁，本指导性技术文件各个表格中，符号"☆"表示"使用参照对象的约束条件"。
2）为使表格简洁，本指导性技术文件各个表格中，符号"※"表示"使用参照对象的最大出现次数"。

表 2（续）

序号	名称/角色名称	名称/角色名称（英文）	缩写名	说明	约束/条件	最大出现次数	数据类型	域
26	角色名称：地理信息资源类型	Role name: resourceType	resType	地理信息资源的分类代码	M	1	类	MD_资源类型代码《代码表》(见 4.2.10.1)
27	地理信息资源子类型	resourceSubType	resSubType	地理信息资源子类型，在地理信息资源类型的基础上进一步细分的小类	O	1	字符串型	自由文本
28	专题类型	topicCategory	tpCat	地理信息的专题类型	M	N	类	MD_专题类型代码《代码表》(见 4.2.10.12)
29	引用主题	referenceTheme	refTheme	从指定分类规范中引用的类别名称来定义该地理信息资源的主题或获取主题所属类型	O	N	类	MD_引用主题(见 4.2.2.6)
30	角色名称：地理信息资源限制	Role name: resourceConstraints	resConst	关于使用、访问、获取地理信息资源的限制信息	O	N	关联	MD_限制(见 4.2.3)
31	角色名称：地理信息资源格式	Role name: resourceFormat	dsFormat	地理信息资源的格式说明	O	N	关联	MD_格式(见 4.2.8.3)
32	角色名称：关联地理信息的信息	Role name: aggregationInfo	aggrInfo	与本地理信息相关联的地理信息信息，如聚合控制点所在的控制网的信息	O	N	关联	MD_聚集信息(见 4.2.2.5)
33	覆盖范围	extent	dataExt	覆盖范围信息包括数据集的边界矩形、边界多边形、垂向覆盖范围和时间覆盖范围等	O	N	类	EX_覆盖范围《数据类型》(见 4.2.9.1)
34	MD_数据标识	MD_DataIdentification	DataIdent	识别数据集所需要的信息	☆	※	特化类（MD_标识）	35～37

表 2（续）

序号	名称/角色名称	名称/角色名称（英文）	缩写名	说明	约束/条件	最大出现次数	数据类型	域
35	空间表示类型	spatialRepresentationType	spatRpType	在空间上表示地理信息所使用的方法	O	N	类	MD_空间表示类型代码《《代码表》》（见 4.2.10.11）
36	空间分辨率	spatialResolution	dataScale	数据集中空间数据的分辨率或表示比例尺	O	N	类	MD_分辨率《《联合》》（见 4.2.2.3）
37	字符集	characterSet	dataChar	数据集使用的字符编码	O	1	类	MD_字符集代码《《代码表》》（见 4.2.10.5）
38	MD_服务标识	SV_ServiceIdentification	SerIdent	提供服务方通过一组定义操作行为的接口,为用户提供服务能力的标识	☆	※	特化类（MD_标识）	39～43
39	服务类型	serviceType	serType	服务类型，如"WFS""WMS"等	M	1	字符串型	自由文本
40	服务版本	serviceTypeVersion	serVersion	服务的版本	O	N	字符串型	自由文本
41	角色名称：所操作的数据	Role name: operatesOn	serOpsOn	提供数据的信息。数据是服务提供的操作	O	N	关联	MD_数据标识（见 4.2.2.1）
42	角色名称：支持的操作	Role name: containsOperations	operation	提供组成服务操作的信息	O	N	关联	SV_服务操作（见 4.2.2.4）
43	关联类型	couplingType	couplingType	与数据的耦合类型，可取"loose""mixed""tight"等值	O	1	字符串型	自由文本
44	MD_影像标识	MD_ImageIdentification	ImageIdent	标识影像数据集或数据集系列所需要的信息	☆	※	特化类（MD_数据标识）	45～52
45	数据单元标识符	Data_GRANULE_ID	granuleID	数据信息单元标识符	O	1	字符串型	自由文本
46	分幅标识	imageOrbitalIdentifier	imagOrbID	影像覆盖的列和行标识	O	1	字符串型	自由文本

CH/Z 9018—2012

表2（续）

序号	名称/角色名称	名称/角色名称（英文）	缩写名	说明	约束/条件	最大出现次数	数据类型	域
47	轨道编号	orbitNumber	orbNum	影像覆盖的轨道编号	O	1	整型	整型数
48	影像色彩	color	color	影像的色彩类型：单色，彩色	M	1	字符串型	自由文本
49	仪器（传感器）	instrument (sensor)	sensor	观测仪器（传感器）名称	M	1	字符串型	自由文本
50	卫星	satellite	satellite	卫星名称及序号	C/卫星影像?	1	字符串型	自由文本
51	波段	waveBand	band	影像的波段号	C/卫星影像?	1	字符串型	自由文本
52	航摄仪焦距	focus	focus	航摄相机的焦距	C/航空影像?	1	整型	整型数
53	MD_档案（资料）标识	MD_ArchiveIdentification	ArchIdent	标识档案资料所需要的信息	☆	※	特化类（MD_标识）	54～59
54	档号	archiveNumber	archNo	按照档案著录规则编制的档号	M	1	字符串型	自由文本
55	档案类型	archiveCategory	archCat	按照中国档案分类法测绘行业档案分类及相关管理规定进行分类，本档案所属类别的分类编码	O	1	字符串型	自由文本
56	份数	numberOfCopies	numOfCopy	独立物理实体档案的份数，件内张数、分件数、版数、分卷数、册数和盘数等	O	1	字符串型	自由文本

9

表 2 (续)

序号	名称/角色名称	名称/角色名称（英文）	缩写名	说明	约束/条件	最大出现次数	数据类型	域
57	成果数量	numberOfElements	numOfEle	非独立物理实体件内成果数之和，如页数、附图数、幅数、点数和文件数等	O	1	字符串型	自由文本
58	载体类型	mediaType	mediaType	如纸制、磁带、光盘、胶片等	O	1	字符串型	自由文本
59	版别	versionType	versionType	表示稿本、版别图种，如"正本""航图""2002版"或"改区图"	O	1	字符串型	自由文本
60	MD_模拟地图档案标识	MD_AnalogMapIdentification	Analog-MapArchID	标识地图档案资料所需要的信息，包括各种比例尺地形图、黑图（三底图），国内外古旧或国外边界、海图、专题图和地图集	C/模拟地图档案?	*	特化类（MD_档案资料标识）	61~67
61	新图幅编号	newMapSheetNumber	newMapNum	按照 GB/T 13989—2012 确定的地形图图幅编号	M	1	字符串型	自由文本（见 GB/T 13989—2012）
62	旧图幅编号	oldMapSheetNumber	oldMapNum	GB/T 13989—2012 发布前，按照其他规定的地形图图幅编号	M	1	字符串型	自由文本
63	成图形式	mapForm	mapForm	说明地图的形式，即印刷成图、编制原图、编绘图、航测成图，或航测数字化图等	O	1	类	MD_成图形式代码（《代码表》）（见4.2.10.16）
64	印色	color	mapColor	"彩图""单色"	M	1	字符串型	自由文本
65	载体尺寸	mediaSize	mediaSize	如"A1""A2"等	O	1	字符串型	自由文本
66	地图比例尺	mapScale	mapScale	地图的比例尺	M	1	字符串型	自由文本

表 2（续）

序号	名称/角色名称	名称/角色名称（英文）	缩写名	说明	约束/条件	最大出现次数	数据类型	域
67	等高距	verticalInterval	vertInterval	等高距	O	1	字符串型	自由文本
68	MD_成果数据档案标识	MD_DigitalArchiveIdentification	DigArchID	标识各类成果数据档案	C/成果数据档案?	※	特化类（MD_档案（资料）标识）	69~71
69	数据量	dataAmount	dataAmount	数据总量，以MB为单位	O	1	字符串型	自由文本
70	运行环境	baseSoftware	baseSoftware	运行环境	O	1	字符串型	自由文本
71	比例尺或数据精度	scaleOrResolution	archScale	比例尺或数据精度	O	1	类	MD_分辨率《联合》（见4.2.2.3）

4.2.2.2 浏览图信息

浏览图信息的内容见表 3。

表 3 浏览图信息

序号	名称/角色名称	名称/角色名称（英文）	缩写名	说明	约束/条件	最大出现次数	数据类型	域
72	MD_浏览图	MD_BrowseGraphic	BrowGraph	用图示方法说明数据集（应包括图例）包含数据集图示说明的图形	☆	※	聚集类（MD_标识）	73~75
73	文件名	fileName	bgFileName	包含数据集图示说明的图形文件名称	M	1	字符串型	自由文本
74	文件说明	fileDescription	bgFileDesc	对浏览图的文字说明	O	1	字符串型	自由文本
75	文件类型	fileType	bgFileType	图像格式说明	O	1	字符串型	自由文本

4.2.2.3 分辨率信息

分辨率信息的内容见表 4。

表 4 分辨率信息

序号	名称/角色名称	名称/角色名称（英文）	缩写名	说明	约束/条件	最大出现次数	数据类型	域
76	MD_分辨率	MD_Resolution	Resol	用比例因子或地面距离表示的地理信息资源详细程度	☆	※	类《聚合》	77~78
77	等效比例尺分母	equivalentScale	equScale	用类似硬拷贝地图或海图的比例尺表示的地理信息资源详细程度	C/不选用采样间隔？	1	字符串型	自由文本
78	采样间隔	distance	scaleDist	地面的采样间隔，以米为单位	C/不选用等效比例尺分母？	1	字符串型	自由文本

4.2.2.4 服务操作信息

服务操作信息的内容见表 5。

表 5 服务操作信息

序号	名称/角色名称	名称/角色名称（英文）	缩写名	说明	约束/条件	最大出现次数	数据类型	域
79	SV_服务操作	SV_OperationMetadata	Operation	服务提供的操作	☆	※	聚集类（MD_服务标识）	80~82
80	操作名称	operationName	opName	接口的唯一标识	M	1	字符串型	自由文本
81	分布式计算平台	DCP	DCP	实现操作的分布式平台	M	N	字符串型	自由文本
82	访问连接点	connectPoint	connectPoint	访问该服务时应使用的在线信息	M	N	类	CI_在线资源《数据类型》(见 4.2.9.2.6)

4.2.2.5 聚集信息

聚集信息的内容见表6。

表 6 聚集信息

序号	名称/角色名称	名称/角色名称（英文）	缩写名	说明	约束/条件	最大出现次数	数据类型	域
83	MD_聚集信息	MD_AggregateInfomation	AggregateInfo	与本地理信息相关联的地理信息相关信息。如控制点所在的控制网的信息	☆	※	聚集类（MD_标识）	84~85
84	关联地理信息名称信息	agrregateDatasetName	aggrDSName	关联地理信息名称及其他相关信息。	M	1	类	CL_引用《《数据类型》》（见4.2.9.2.1)
85	关联类型	associationType	assocType	关联地理信息与本成果的关联关系	M	1	类	DS_关联类型代码《《代码表》》（见4.2.10.17)

4.2.2.6 引用主题信息

引用主题信息的内容见表7。

表 7 引用主题信息

序号	名称/角色名称	名称/角色名称（英文）	缩写名	说明	约束/条件	最大出现次数	数据类型	域
86	MD_引用主题	MD_ReferencedTheme	ReferencedTheme	应用的全文分类标准中定义的类别名称	☆	※	聚集类（MD_标识）	87~91
87	主题名称	title	title	分类标准中定义的主题名称	M	1	字符串型	自由文本
88	分类标识符	identifier	identifier	分类标准中定义的主题名称对应的编码	O	1	字符串型	自由文本

表 7（续）

序号	名称/角色名称	名称/角色名称（英文）	缩写名	说明	约束/条件	最大出现次数	数据类型	域
89	分类标准名称	sourceName	sourceName	来源分类标准的全名	O	1	字符串型	自由文本
90	分类标准代号	sourceCode	sourceCode	来源分类标准的代号	O	1	字符串型	自由文本
91	下级主题分类	subTheme	subTheme	该主题下更细的主题分类	O	N	类	MD_引用主题（见4.2.2.6）

4.2.3 限制信息

限制信息的内容见表 8。

表 8 限制信息

序号	名称/角色名称	名称/角色名称（英文）	缩写名	说明	约束/条件	最大出现次数	数据类型	域
92	MD_限制	MD_Constraints	Consts	访问和使用地理信息资源的限制	O	※	聚集类（MD_标识）	93~99
93	用途限制	useLimitation	useLimit	影响地理信息资源适用范围的限制，如"不可用于导航"	O	N	字符串型	自由文本
94	MD_法律限制	MD_LegalConstraints	LegConsts	访问和使用地理信息资源的限制和法律上的先决条件	O	※	特化类（MD_限制）	95~96
95	访问限制	accessConstraints	accessConsts	为确保隐私权或知识产权，对获取地理信息资源加的访问限制，以及任何特殊的约束或限制	O	N	类	MD_限制代码（《代码表》）（见4.2.10.10）
96	使用限制	useConstraints	useConsts	为确保隐私权或知识产权，对使用地理信息资源加的限制，以及任何特殊的约束或限制	O	N	类	MD_限制代码（《代码表》）（见4.2.10.10）

CH/Z 9018—2012

表 8（续）

序号	名称/角色名称	名称/角色名称（英文）	缩写名	说明	约束/条件	最大出现次数	数据类型	域
97	MD_安全限制	MD_SecurityConstraints	SecConsts	为了国家安全考虑，对地理信息资源施加的处理限制	O	*	特化类（MD_限制）	98～99
98	安全限制分级	classification	class	对信息资源操作限制的名称	M	1	类	MD_安全限制分级代码（《代码表》）（见4.2.10.6）
99	用户注意事项	userNote	userNote	为获取和使用资源或其他限制的说明，以及法律上的先决条件	O	1	字符串型	自由文本

4.2.4 地理信息质量信息

地理信息质量信息的内容见表 9。

表 9 地理信息质量信息

序号	名称/角色名称	名称/角色名称（英文）	缩写名	说明	约束/条件	最大出现次数	数据类型	域
100	DQ_地理信息质量	DQ_DataQuality	DataQual	地理信息质量范围确定的地理信息质量信息	☆	*	聚集类（MD_元数据）	101～102
101	地理信息质量说明	statement	dqStatement	地理信息质量说明，包括验收、鉴定，或各个阶段的质量检查，评估或验收的意见	M	1	字符串型	自由文本
102	数据志说明	lineageStatement	linStatement	数据生产者有关数据集数据志信息的一般说明	M	1	字符串型	自由文本

15

4.2.5 空间表示信息

空间表示信息(包括格网和矢量表示)的内容见表10。

表 10 空间表示信息

序号	名称/角色名称	名称/角色名称(英文)	缩写名	说明	约束/条件	最大出现次数	数据类型	域
103	MD_空间表示	MD_SpatialRepresentation	SpatRep	用于表示空间信息的数字方法	☆	*	聚集类(MD_元数据)《抽象》	104~114
104	MD_格网空间表示	MD_GridSpatialRepresentation	GridSpatRep	数据集中有关格网空间对象的信息	☆	*	特化类(MD_空间表示)	105~111
105	格网排列方式	gridOrder	gridOrder	格网排列方式	M	1	字符串型	自由文本
106	格网行数	gridRows	gridRows	格网行数	M	1	整型	>0
107	格网列数	gridColumns	gridColumns	格网列数	M	1	整型	>0
108	起始格网单元左上角点经度	leftUpLong	leftUpLong	起始格网单元左上角点经度	M	1	角度	−180.0~180.0
109	起始格网单元左上角点纬度	leftUpLat	leftUpLat	起始格网单元左上角点纬度	M	1	角度	−90.0~90.0
110	起始格网单元左上角点X坐标	leftUpX	leftUpX	起始格网单元左上角点X坐标	M	1	实型	实型数
111	起始格网单元左上角点Y坐标	leftUpY	leftUpY	起始格网单元左上角点Y坐标	M	1	实型	实型数
112	MD_矢量空间表示	MD_VectorSpatialRepresentation	VectSpatRep	数据集中矢量空间对象的信息	☆	*	特化类(MD_空间表示)	113~114
113	拓扑等级	topologyLevel	topLvl	标识空间关系复杂程度的代码	O	1	类	MD_拓扑等级代码《代码表》(见4.2.10.13)
114	几何对象类型	geometricObjectType	geoObjType	数据集中包含的几何对象的类型	O	N	类	MD_几何对象类型代码《代码表》(见4.2.10.8)

4.2.6 参照系信息

4.2.6.1 简介

参照系信息的内容见表11。

表 11 参照系信息

序号	名称/角色名称	名称/角色名称（英文）	缩写名	说明	约束/条件	最大出现次数	数据类型	域
115	MD_参照系	MD_ReferenceSystem	RefSystem	有关参照系的信息	☆	※	聚集类（MD_元数据）	116~123
116	参照系名称	referenceSystemIdentifier	refSysID	参照系名称	C/不使用MD_坐标参照系进行定义？	1	类	MD_标识符（见4.2.6.4）
117	MD_坐标参照系	MD_CRS	MdCoRefSys	通过参数定义的坐标系统	C/不使用参照系名称？	※	聚集类（MD_参照系）	118~123
118	投影	projection	projection	所用投影的名称	M	1	字符串型	自由文本
119	椭球体	ellipsoid	ellipsoid	所用椭球体的名称	M	1	字符串型	自由文本
120	大地基准名称代码	datum	datum	所用大地基准的名称代码（包括大地基准、坐标系统）	M	1	类	SC_大地坐标参照系《《代码表》》（见4.2.10.14）
121	垂向基准名称代码	verticalCRS	vertCRS	所采用的垂向基准，即高程基准或重力基准	O	2	类	SC_垂向坐标参照系《《代码表》》（见4.2.10.15）
122	角色名称：椭球体参数	Role name: ellipsoidParameters	ellParas	描述椭球体的参数集	O	1	关联	MD_椭球体参数（见4.2.6.2）
123	角色名称：投影参数	Role name: projectionParameters	projParas	描述投影的参数集	O	1	关联	MD_投影参数（见4.2.6.3）

4.2.6.2 椭球体参数信息

椭球体参数信息的内容见表12。

表 12 椭球体参数信息

序号	名称/角色名称	名称/角色名称（英文）	缩写名	说明	约束/条件	最大出现次数	数据类型	域
123	MD_椭球体参数	MD_EllipsoidParameters	EllParas	描述椭球的参数集	☆	※	聚集类（MD_坐标参照系）	125~127
124	长半轴	semiMajorAxis	semiMajAx	椭球体赤道轴的半径	M	1	实型	>0.0
125	轴单位	axisUnits	axisUnits	椭球体长半轴的单位	M	1	字符串型	自由文本
126	扁率分母	denominatorOfFlatteningRatio	denFlatRat	当分子设为1时，椭球体赤道半径和极半径之间的差与赤道半径之比	C/非球体？	1	实型	>0.0

4.2.6.3 投影参数信息

投影参数信息的内容见表13。

表 13 投影参数信息

序号	名称/角色名称	名称/角色名称（英文）	缩写名	说明	约束/条件	最大出现次数	数据类型	域
128	MD_投影参数	MD_ProjectionParameters	ProjParas	描述投影的参数集	☆	※	聚集类（MD_坐标参照系）	129~141
129	分带方式	zoningMode	zoningMode	说明采用"3度带"或"6度带"	C/高斯-克吕格投影？	1	字符串型	自由文本

表 13（续）

序号	名称/角色名称	名称/角色名称（英文）	缩写名	说明	约束/条件	最大出现次数	数据类型	域
130	带号	zone	zoneNum	投影分带的唯一标识符	C/高斯-克吕格投影?	1	整型	整型数
131	标准纬线	standardParallel	stanParal	地球表面与平面或可展曲面相交的固定纬线	O	2	实型	实型数
132	中央经线经度	longitudeOfCentralMeridian	longCntMer	地图投影带的中央经线，通常用作构建投影的基础	C/非方位投影?	1	实型	实型数
133	投影原点纬度	latitudeOfProjectionOrigin	latProjOri	作为地图投影直角坐标原点的纬度	C/非方位投影?	1	实型	实型数
134	东移假定值	falseEasting	falEastng	地图投影直角坐标中所有X坐标增加的值。利用该值避免坐标出现负值。用平面坐标单位定义的度量单位表示	O	1	实型	实型数
135	北移假定值	falseNorthing	falNorthng	地图投影直角坐标中所有Y坐标增加的值。利用该值避免坐标出现负值。用平面坐标单位定义的度量单位表示	O	1	实型	实型数
136	东移北移假定值单位	falseEastingNorthingUnits	falENUnits	东移和北移假定值的单位	O	1	字符串型	自由文本
137	赤道比例因子	scaleFactorAtEquator	sclFacEqu	沿赤道的空间实际距离与相应地图上距离之比	O	1	实型	>0.0

表 13（续）

序号	名称/角色名称（英文）	缩写名	说明	约束/条件	最大出现次数	数据类型	域
138	视点高度 heightOfProspectivePointAboveSurface	hgtProsPt	视点距离地表的高度，以米表示	O	1	实型	＞0.0
139	投影中心经度 longitudeOfProjectionCenter	longProjCnt	方位投影投影中心的经度	C/方位投影？	1	实型	实型数
140	投影中心纬度 latitudeOfProjectionCenter	latProjCnt	方位投影投影中心的纬度	C/方位投影？	1	实型	实型数
141	中央经线比例因子 scaleFactorAtCenterLine	sclFacCnt	沿中央经线的物理距离与相应地图上距离之比	O	1	实型	实型数

4.2.6.4 标识符信息

标识符信息的内容见表 14。

表 14 标识符信息

序号	名称/角色名称（英文）	缩写名	说明	约束/条件	最大出现次数	数据类型	域
142	MD_标识符 MD_Identifier	MdIdent		☆	※	类	143～144
143	责任机构 authority	identAuth	负责维护命名空间的人或单位	O	1	类	CL_引用《《数据类型》》（见 4.2.9.2.1）
144	代码 code	identCode	标识命名空间实例的字符数字值	M	1	字符串型	自由文本

4.2.7 内容信息

内容信息的内容见表15。

表 15 内容信息

序号	名称/角色名称	名称/角色名称（英文）	缩写名	说明	约束/条件	最大出现次数	数据类型	域
145	MD_内容信息	MD_ContentInformation	ContInfo	数据集内容说明	☆	※	聚集类（MD_元数据）《抽象》	146~154
146	MD_要素类目说明	MD_FeatureCatalogueDescription	FetCatDesc	标识要素类目或概念模式的信息	C/矢量数据？	※	特化类（MD_内容信息）	147~149
147	包含要素类目	includedWithDataset	incWithDS	说明数据集是否包含要素类目	M	1	布尔型	0=否 1=是
148	要素类型	featureTypes	catFetTypes	数据集中出现的引用自要素类目的要素类型子集	O	N	字符串型	自由文本
149	要素属性说明	featureAttributeDescription	fetAttDesc	要素属性说明或数据库结构的说明,如字段等	O	N	字符串型	自由文本
150	MD_数据覆盖层说明	MD_CoverageDescription	CovDesc	有关栅格数据单元内容的信息	C/栅格数据？	※	特化类（MD_内容信息）	151~152
151	属性说明	attributeDescription	attDesc	用度量值表示的格网单元值表示的属性说明	M	1	字符串型	自由文本
152	内容类型	contentType	contentType	格网单元值表示的信息类型	M	1	类	MD_数据覆盖层内容类型代码《代码表》（见4.2.10.7）
153	MD_影像说明	MD_ImageDescription	ImgDesc	适用的影像信息	C/影像数据？	※	特化类（MD_数据覆盖层说明）	154
154	云斑覆盖比例	cloudCoverPercentage	cloudCovPer	数据集被云斑遮挡的范围,用占空间覆盖范围的百分比表示	O	1	实型	0.0~100.0

4.2.8 分发信息

4.2.8.1 简介

分发信息的内容见表16。

表 16 分发信息

序号	名称/角色名称（英文）	缩写名	说明	约束/条件	最大出现次数	数据类型	域
155	MD_Distribution	Distrib	地理信息资源的分发方和获取地理信息资源的信息	☆		聚集类（MD_元数据）	156~158
156	在线信息 onLine	onLineSrc	可以获取地理信息资源的在线资源信息	O	N	类	CI_在线资源《《数据类型》》（见4.2.9.2.6）
157	Role name: distributionFormat 角色名称：分发格式	distFormat	分发数据的格式说明	M	N	关联	MD_格式（见4.2.8.3）
158	Role name: distributor 角色名称：分发方	distributor	分发方的有关信息	O	N	关联	MD_分发方（见4.2.8.2）

4.2.8.2 分发方信息

分发方信息的内容见表17。

表 17 分发方信息

序号	名称/角色名称（英文）	缩写名	说明	约束/条件	最大出现次数	数据类型	域
159	MD_Distributor	Distributor	有关分发方的信息	☆		聚集类（MD_分发）	160~162
160	联系分发方 distributorContact	distorCont	地理信息资源的分发单位	M	1	类	CI_负责单位《《数据类型》》（见4.2.9.2.2）

表17（续）

序号	名称/角色名称	名称/角色名称（英文）	缩写名	说明	约束/条件	最大出现次数	数据类型	域
161	订购说明	orderingInstructions	ordInstr	分发方提供的一般说明，期限和服务	M	1	字符串型	自由文本
162	费用	fees	resFees	获得地理信息资源需要支付的费用	O	1	字符串型	自由文本

4.2.8.3 格式信息

格式信息的内容见表18。

表18 格式信息

序号	名称/角色名称	名称/角色名称（英文）	缩写名	说明	约束/条件	最大出现次数	数据类型	域
163	MD_格式	MD_Format	Format	计算机语言结构说明，确定数据对象在记录、文件、通信、存储设备和传输通道中的表示方法	O	∞	聚集类（MD_分发方、MD_标识）	164～165
164	格式名称	name	formatName	数据传输格式名称	M	1	字符串型	自由文本
165	格式版本	version	formatVer	格式版本（包括日期、版本号等）	M	1	字符串型	自由文本

4.2.9 数据类型信息

4.2.9.1 覆盖范围信息

覆盖范围信息的内容见表19。

表 19 覆盖范围信息

序号	名称/角色名称	名称/角色名称（英文）	缩写名	说明	约束/条件	最大出现次数	数据类型	域
166	EX_覆盖范围	EX_Extent	Extent	有关平面、垂向和时间覆盖范围信息	☆	※	类《数据类型》	167~170
167	描述	description	exDesc	相关对象的空间和时间覆盖范围	C/不选用地理覆盖范围、时间覆盖范围和垂向覆盖范围?	1	字符串型	自由文本
168	角色名称：地理覆盖范围	Role name: geographicElement	geoEle	相关对象覆盖范围的地理组成部分	C/不选用描述、时间覆盖范围和垂向覆盖范围?	N	关联	EX_地理覆盖范围（《抽象》）(见 4.2.9.1.1)
169	角色名称：时间覆盖范围	Role name: temporalElement	tempEle	相关对象覆盖范围的时间组成部分	C/不选用描述、地理覆盖范围和垂向覆盖范围?	N	关联	EX_时间覆盖范围（见 4.2.9.1.2）
170	角色名称：垂向覆盖范围	Role name: verticalElement	vertEle	相关对象覆盖范围的垂向组成部分	C/不选用描述、地理覆盖范围和时间覆盖范围?	N	关联	EX_垂向覆盖范围（见 4.2.9.1.3）

4.2.9.1.1 地理覆盖范围信息

地理覆盖范围信息的内容见表 20。

表 20 地理覆盖范围信息

序号	名称/角色名称	名称/角色名称（英文）	缩写名	说明	约束/条件	最大出现次数	数据类型	域
171	EX_地理覆盖范围	EX_GeographicExtent	GeoExtent	数据集覆盖的地理区域	☆	N	聚集类（EX_覆盖范围《抽象》）	172~189
172	EX_地理边界矩形	EX_GeographicBoundingBox	GeoBndBox	数据集的地理位置。注意：这仅仅是近似的范围，无须说明坐标系	☆	N	特化类（EX_地理覆盖范围）	173~176
173	西边经度	westBoundLongitude	westBL	数据集覆盖范围最西边坐标，用十进制度表示的经度（东半球为正）	M	1	角度	−180.0~180.0
174	东边经度	eastBoundLongitude	eastBL	数据集覆盖范围最东边坐标，用十进制度表示的经度（东半球为正）	M	1	角度	−180.0~180.0
175	南边纬度	southBoundLatitude	southBL	数据集覆盖范围最南边坐标，用十进制度表示的纬度（北半球为正）	M	1	角度	−90.0~90.0；南边界纬度值小于等于北边边界纬度值
176	北边纬度	northBoundLatitude	northBL	数据集覆盖范围最北边坐标，用十进制度表示的纬度（北半球为正）	M	1	角度	−90.0~90.0；北边界纬度值大于等于南边边界纬度值
177	EX_边界多边形	EX_BoundingPolygon	BoundPoly	围绕数据集覆盖范围的边界线，表示为多边形的闭合边界（即最后一点与第一点重合）坐标串	使用参照对象的约束/条件	使用参照对象的最大出现次数	特化类（EX_地理覆盖范围）	178
178	多边形	polygon	polygon	定义边界多边形的点集，使用经纬度定义	M	N	字符串型	采用OGC《Simple Features for SQL》规范中定义的WKT形式进行定义

表 20（续）

序号	名称/角色名称	名称/角色名称（英文）	缩写名	说明	约束/条件	最大出现次数	数据类型	域
179	EX_边界坐标	EX_BoundingCoordinates	BndCoord	用投影坐标说明数据集的地理位置	☆	※	特化类（EX_地理覆盖范围）	180~187
180	西南图廓角点 X 坐标	westSouthCoordinateX	WSCoordX	数据集覆盖范围西南图廓角点 X 坐标	M	1	实型	实型数
181	西南图廓角点 Y 坐标	westSouthCoordinateY	WSCoordY	数据集覆盖范围西南图廓角点 Y 坐标	M	1	实型	实型数
182	西北图廓角点 X 坐标	westNorthCoordinateX	WNCoordX	数据集覆盖范围西北图廓角点 X 坐标	M	1	实型	实型数
183	西北图廓角点 Y 坐标	westNorthCoordinateY	WNCoordY	数据集覆盖范围西北图廓角点 Y 坐标	M	1	实型	实型数
184	东北图廓角点 X 坐标	eastNorthCoordinateX	ENCoordX	数据集覆盖范围东北图廓角点 X 坐标	M	1	实型	实型数
185	东北图廓角点 Y 坐标	eastNorthCoordinateY	ENCoordY	数据集覆盖范围东北图廓角点 Y 坐标	M	1	实型	实型数
186	东南图廓角点 X 坐标	eastSouthCoordinateX	ESCoordX	数据集覆盖范围东南图廓角点 X 坐标	M	1	实型	实型数
187	东南图廓角点 Y 坐标	eastSouthCoordinateY	ESCoordY	数据集覆盖范围东南图廓角点 Y 坐标	M	1	实型	实型数
188	EX_地理区域描述	EX_GeographicDescription	GeoDesc	用标识符说明地理区域范围	M	※	特化类（EX_地理覆盖范围）	189
189	地理标识符	geographicIdentifier	geoId	用于说明地理区域范围的标识符	M	1	字符串型	自由文本

4.2.9.1.2 时间覆盖范围信息

时间覆盖范围信息的内容见表21。

表 21 时间覆盖范围信息

序号	名称/角色名称	名称/角色名称（英文）	缩写名	说明	约束/条件	最大出现次数	数据类型	域
190	EX_时间覆盖范围	EX_TemporalExtent	TempExtent	数据集内容跨越的时间范围	☆	※	聚集类（EX_覆盖范围）	191~196
191	时间标识符	temporalIdentifier	tempId	用于说明时间范围的标识符，如中国的朝代	O	N	字符串型	自由文本
192	TM_时刻	TM_Instant	Instant	数据集内容的日期和时间	C/时刻?	※	特化类（EX_时间覆盖范围）	193
193	时间	position	position	数据集内容跨越的日期和时间	M	1	日期时间型	CCYY-MM-DD hh:mm:ss.s（见 GB/T 7408—2005）
194	TM_时段	TM_Period	Period	数据集内容跨越的时间段	C/时间段?	※	特化类（EX_时间覆盖范围）	195~196
195	起始时间	beginning	beginning	数据集内容的起始时间	M	1	日期时间型	CCYY-MM-DD hh:mm:ss.s（见 GB/T 7408—2005）
196	终止时间	ending	ending	数据集内容的终止时间	M	1	日期时间型	CCYY-MM-DD hh:mm:ss.s（见 GB/T 7408—2005）

4.2.9.1.3 垂向覆盖范围信息

垂向覆盖范围信息的内容见表22。

表22 垂向覆盖范围信息

序号	名称/角色名称	名称/角色名称（英文）	缩写名	说明	约束/条件	最大出现次数	数据类型	域
197	EX_垂向覆盖范围	EX_VerticalExtent	VertExtent	数据集的垂向覆盖范围	☆	※	聚集类（EX_覆盖范围）	198～202
198	最小值	minimumValue	vertMinVal	数据集内容的垂向覆盖范围最低值	M	1	实型	实型数
199	最大值	maximumValue	vertMaxVal	数据集内容的垂向覆盖范围最高值	M	1	实型	实型数
200	等值线间距	contrastValue	conVal	数据集内容的等值线垂向间距信息	O	N	整型	>0
201	度量单位	unitOfMeasure	vertUoM	用于垂向覆盖范围信息的度量单位，如米、厘米	M	1	字符串型	度量单位为米等
202	垂向基准名称代码	verticalCRS	vertCRS	度量垂向覆盖范围最大值和最小值的原点信息（包括高程基准，高程系统）	M	1	类	SC_垂向坐标参照系《《代码表》》（见4.2.10.15）

4.2.9.2 引用与负责单位

4.2.9.2.1 引用信息

引用信息的内容见表23。

表 23 引用信息

序号	名称/角色名称	名称/角色名称(英文)	缩写名	说明	约束/条件	最大出现次数	数据类型	域
203	CI_引用	CI_Citation	Citation	地理信息资源的引用、出处相关信息	☆	※	类《〈数据类型〉》	204～210
204	名称	title	resTitle	已知的引用资料的名称,如图名、成果名称、点名、路线名、网名、水准面名称、测区名称、摄区名称、界线名称、卫星种类、项目名称等	M	1	字符串型	自由文本
205	别名	alternateTitle	resAltTitle	其他名称	O	N	字符串型	自由文本
206	标识符	identifier	citId	引用资料的标识符,如档案成果编号、点号、路线号、代号或摄区代号,通过下级结点"代码"输入	C/档案成果?	1	类	MD_标识符《〈数据类型〉》(见4.2.6.4)
207	日期	date	resRefDate	引用资料的有关日期,如出版年代、截止日期、完成日期、施测年代、编制时间、航摄时间、接收时间	M	N	类	CI_日期《〈数据类型〉》(见4.2.9.2.5)
208	版本	edition	resEd	引用资料的版本	O	1	字符串型	自由文本
209	国际标准书号	ISBN	isbn	国际标准书号	O	1	字符串型	自由文本
210	其他信息	otherCitationDetails	otherCitDet	关于该引用或出处内容的其他重要信息,如控制点的级别等	O	1	字符串型	自由文本

4.2.9.2.2 负责单位信息

负责单位信息的内容见表24。

表 24 负责单位信息

序号	名称/角色名称	名称/角色名称（英文）	缩写名	说明	约束/条件	最大出现次数	数据类型	域
211	CI_负责单位	CI_ResponsibleParty	RespParty	与数据集有关的负责人和单位的标识及联系方法	—	※	类《数据类型》	212～216
212	负责人名	individualName	rpIndName	负责人姓名、头衔，用分隔符隔开	O	1	字符串型	自由文本
213	负责单位名	organisationName	rpOrgName	负责单位名（包括施测单位、保存单位、编制单位、航摄单位、成果保管单位、出版单位等）	M	1	字符串型	自由文本
214	职务	positionName	rpPosName	负责人角色和职务	O	1	字符串型	自由文本
215	联系信息	contactInfo	rpCntInfo	负责单位地址	O	1	类	CI_联系《数据类型》（见4.2.9.2.3）
216	职责	role	role	负责单位职责	M	1	类	CI_职责代码《代码表》（见4.2.10.4）

4.2.9.2.3 联系信息

联系信息的内容见表25。

CH/Z 9018—2012

表 25 联系信息

序号	名称/角色名称（英文）	缩写名	说明	约束/条件	最大出现次数	数据类型	域
217	CI_Contact	Contact	与负责人或负责单位联系所需的信息	☆	※	类《数据类型》	218~221
218	address	cntAddress	与负责人或负责单位联系的实寄邮寄地址和电子邮件地址	O	1	类	CI_地址《数据类型》（见4.2.9.2.4）
219	onLineResource	cntOnlineRes	与负责人或负责单位联系的在线资源信息	O	1	类	CI_在线资源《数据类型》（见4.2.9.2.6）
220	voice	voiceNum	负责人或负责单位的电话号码	O	N	字符串型	自由文本
221	facsimile	faxNum	负责人或负责单位的传真号码	O	N	字符串型	自由文本

4.2.9.2.4 地址信息

地址信息的内容见表26。

表 26 地址信息

序号	名称/角色名称（英文）	缩写名	说明	约束/条件	最大出现次数	数据类型	域
222	CI_Address	Address	负责人或负责单位地址	☆	※	类《数据类型》	223~228
223	deliveryPoint	delPoint	所在位置的详细地址（包括路名、门牌号等）	M	1	字符串型	自由文本
224	city	city	所在城市名	O	1	字符串型	自由文本

31

表 26（续）

序号	名称/角色名称	名称/角色名称（英文）	缩写名	说明	约束/条件	最大出现次数	数据类型	域
225	行政区	administrativeArea	adminArea	所在省（直辖市、自治区）名	O	1	字符串型	自由文本
226	邮政编码	postalCode	postCode	邮政编码	O	1	字符串型	自由文本
227	国家或地区	country	country	所在国家或地区名	O	1	字符串型	见 GB/T 2659—2000
228	电子邮件地址	electronicMailAddress	eMailAdd	负责人或负责单位电子邮件地址	O	N	字符串型	自由文本

4.2.9.2.5 日期信息

日期信息的内容见表 27。

表 27 日期信息

序号	名称/角色名称	名称/角色名称（英文）	缩写名	说明	约束/条件	最大出现次数	数据类型	域
229	CI_日期	CI_Date	Date	说明有关日期和事件	☆	※	类《数据类型》	230～231
230	日期	date	refDate	引用资料的有关日期	M	1	日期型	CCYY-MM-DD（见 GB/T 7408—2005）
231	日期类型	dateType	refDateType	与日期相关的事件	M	1	类	CI_日期类型代码《代码表》（见 4.2.10.2）

4.2.9.2.6 在线资源信息

在线资源信息的内容见表 28。

表 28 在线资源信息

序号	名称/角色名称	名称/角色名称（英文）	缩写名	说明	约束/条件	最大出现次数	数据类型	域
232	CI_在线资源	CI_OnLineResource	OnlineRes	可以获取数据集、规范、领域专用标准名称和扩展的元数据元素的在线资源信息	☆	※	类《《数据类型》》	233~235
233	链接地址	linkage	linkage	使用URL地址或类似的地址模式进行在线访问的地址，如http://nfgis.nsdi.gov.cn	M	1	类	URL（参见IETF RFC1738、IETF RFC 2056）
234	说明	description	orDesc	关于在线资源的文字说明	O	1	字符串型	自由文本
235	功能	function	orFunct	在线资源功能代码	O	1	类	CI_在线功能代码《《代码表》》（见4.2.10.3）

4.2.10 代码表

4.2.10.1 MD_资源类型代码《〈代码表〉》

MD_资源类型代码《〈代码表〉》的内容见表29。

表29 MD_资源类型代码

序号	名称	名称(英文)	域代码	说明
1	MD_资源类型代码	MD_ResourceType	ResourceTypeCd	适用于有关实体的信息类
2	数据集	Dataset	A00	按照某种计算机系统可处理的格式保存的结构化信息,包括表格、数据库等,如电子表格、数据库、GIS数据、遥感影像数据等
3	测绘基准数据	datum	A01	平面、高程基准参数
4	测量控制点	controlPoint	A02	各种类型测量控制点数据集
5	矢量地图数据	terrain	A03	各级比例尺地形图矢量数据集
6	DEM	dem	A04	各种格网尺寸数字高程模型数据集
7	影像数据	rsimage	A05	正射和原始航空与卫星影像数据集
8	数字栅格地图数据	drg	A06	各级比例尺地形图扫描的格网数据集
9	地名地址数据	placeName	A07	地名地址数据集
10	电子地图	emap	A08	电子地图数据集
11	数据集系列	datasetSeries	A98	数据集系列
12	其他数据集	otherData	A99	不属于其他所有分类的数据集
13	模拟地图	Simmap	B00	纸质形式的单幅地图或地图集
14	地形图	Topomap	B01	各级比例尺地形图
15	黑图(二底图)	blackMap	B02	各级比例尺地形图分色阳片
16	专题地图	themMap	B03	突出反映一种或几种主题要素的地图
17	影像地图	ImageMap	B04	以遥感影像为背景的地图
18	历史地图	hisMap	B05	历史地图和古地图
19	地图集	atlas	B06	各种汇编成型的地图集册
20	城市交通旅游图	tourMap	B07	主要反映城市范围内交通旅游要素的地图
21	特种地图	specialMap	B08	如触觉地图、立体地图、地球仪等特殊形式或载体的地图
22	其他模拟地图	otherMap	B99	不属于任何上述类别的模拟地图
23	档案	Archive	C00	存档资料
24	模拟地图档案	analogArchive	C01	各类模拟地图档案资料,包括各级比例尺地形图、黑图(二底图)、国内外古旧或国外边界、海图、专题图和地图集

表 29（续）

序号	名称	名称（英文）	域代码	说明
25	成果数据档案	eleArchive	C02	各类成果数据档案
26	其他档案资料	otherArchive	C99	未分类的其他各类测绘档案资料
27	网络服务	WebService	D00	通过通用的接口和网络对外提供功能访问的计算机系统
28	CSW	csw	D01	基于Web的目录服务
29	WMS	wms	D02	基于Web的制图服务
30	WFS	wfs	D03	基于Web的地理要素服务
31	WCS	wcs	D04	基于Web的覆盖服务
32	其他服务	otherService	D99	未分类的其他网络服务
33	文字资料	TextMaterial	E00	用于阅读的以文字为主的资料，包括书、报刊、技术文件等
34	数字文档	eText	E01	以数字形式保存的文本文件
35	模拟文档	simText	E02	主要在纸张、胶片或其他介质上表示的文本资料
36	其他文字资料	otherText	E99	其他文字资料
37	通用软件	CommonSoft	F00	可在计算机上安装运行的计算机程序
38	GIS软件	gisSoft	F01	GIS软件，包括二维、三维或更多维的以地理信息为操作对象的软件
39	遥感软件	rsSoft	F02	遥感软件，主要用于遥感影像处理与分析的软件
40	导航软件	navSoft	F03	导航软件，主要用于车船导航或定位服务的软件
41	电子地图软件	eMapSoft	F04	电子地图，以地理信息为基础，提供多种地图功能的软件系统
42	其他通用软件	otherSoft	F99	
43	应用系统	AppSystem	G00	
44	内部应用系统	unpublicSystem	G01	为特定用户开发建立的应用系统
45	公开网络应用系统	publicSystem	G02	可由一般用户通过网络访问的应用系统
46	其他应用系统	otherSystem	G99	
47	视听资料	VideoAudio	H00	以图形图像多媒体形式存在的信息资源
48	电影与录像	filmVideo	H01	由动态画面构成的信息资源，如动画、电影、电视节目、录像等
49	图片	picture	H02	静态图片资料，如照片、油画、素描、设计图、规划图等

表 29（续）

序号	名称	名称(英文)	域代码	说明
50	声音	audio	H03	主要以声音为主的资料，包括音乐、录音等
51	多媒体	multimedia	H04	以图文、声、视频、动画多种方式表示的资料，如PPT、Flash等
52	其他视听资料	OtherVA	H99	
53	交互性资源	InteractiveResource	I00	需用户参与和互动的信息资源，如网页表单、多媒体课件、网络聊天室、虚拟现实等
54	设施设备	Facility	J00	测绘活动中生产、加工、建立或装配、购置的设施设备
55	单位团体	Orgnization	K00	机构、组织和社会团体
56	活动与事件	Event	L00	各种特定时间或时间段发生和存在的事情，如展览、会议、灾害、生产活动
57	复合类型	Complex	Z00	包含多种类型，是一个集合体。可以对其分拆成各个部分分别进行说明

4.2.10.2 CI_日期类型代码《《代码表》》

CI_日期类型代码《《代码表》》的内容见表30。

表 30 CI_日期类型代码

序号	名称	名称(英文)	域代码	说明
1	CI_日期类型代码	CI_DateTypeCode	DateTypCd	标识给定事件发生的时间
2	完成生产	creation	001	标识资源完成的日期
3	出版发行	publication	002	标识资源出版的日期
4	修订更新	revision	003	标识资源检查、重新检查、改善或更新的日期
5	截止	close	004	
6	施测	surveying	005	
7	编制	compiling	006	
8	航摄	photograph	007	
9	接收	receiving	008	
10	归档	archiving	009	

4.2.10.3 CI_在线功能代码《《代码表》》

CI_在线功能代码《《代码表》》的内容见表31。

表 31　CI_在线功能代码

序号	名称	名称(英文)	域代码	说明
1	CI_在线功能代码	CI_OnLineFunctionCode	OnFunctcd	在线对资源执行的功能
2	数据下载	download	001	通过该链接可以下载所描述的资源
3	在线说明	information	002	通过该链接可获得关于该资源的说明信息
4	获取说明	offlineAccess	003	通过该链接可了解如何向资源提供方索取该资源
5	在线订购	order	004	通过该链接可在线订购该资源
6	查询检索	search	005	通过该链接可以访问对该资源进行查询的界面
7	在线服务	service	006	通过互操作协议提供的在线服务

4.2.10.4　CI_职责代码《《代码表》》

CI_职责代码《《代码表》》的内容见表32。

表 32　CI_职责代码

序号	名称	名称(英文)	域代码	说明
1	CI_职责代码	CI_RoleCode	RoleCd	负责单位的作用
2	资源提供者	resourceProvider	001	提供资源的单位
3	管理者	custodian	002	对数据承担责任和义务,并保证对其进行管理和维护的单位
4	所有者	owner	003	拥有资源的单位
5	用户	user	004	使用资源的单位
6	分发者	distributor	005	分发资源的单位
7	生产者	originator	006	生产(包括施测、编制、航摄)资源的单位
8	联系方	pointOfContact	007	可以了解情况或获取资源的联系单位
9	主要调查者	principalInvestigator	008	收集信息和进行研究的主要负责单位
10	处理者	processor	009	用某种方法处理数据,以改善资源的单位
11	出版者	publisher	010	出版资源的单位
12	创作者	author	011	创作资源的单位
13	保存保管者	keeper	012	保存保管资源的单位
14	编制者	compiler	013	组织资料汇编、制作的单位

4.2.10.5　MD_字符集代码《《代码表》》

MD_字符集代码《《代码表》》的内容见表33。

表 33　MD_字符集代码

序号	名称	名称（英文）	域代码	说明
1	MD_字符集代码	MD_CharacterSetCode	CharSetCd	资源使用的字符编码标准的名称
2	big5	big5	028	用于中国台湾、香港及其他地区的繁体汉字代码集
3	GB2312	GB2312	029	常用汉字代码集
4	GB18030	GB18030	030	GB 18030—2005 确定的汉字大字符集
5	美国信息交换标准代码	usAscii	025	美国 ASCII 代码集
6	通用字符集转换格式8	utf8	004	基于 ISO 10646 的八位变长通用字符集转换格式代码集

4.2.10.6　MD_安全限制分级代码《〈代码表〉》

MD_安全限制分级代码《〈代码表〉》的内容见表34。

表 34　MD_安全限制分级代码

序号	名称	名称（英文）	域代码	说明
1	MD_安全限制分级代码	MD_ClassificationCode	ClasscationCd	
2	未分级	unclassified	001	含公开级和国内级，一般可以公开
3	内部	restricted	002	一般不公开
4	秘密	confidential	003	一般的国家秘密，泄露会使国家的安全和利益遭受损害
5	机密	secret	004	重要的国家秘密，泄露会使国家的安全和利益遭受严重的损害
6	绝密	topsecret	005	最重要的国家秘密，泄露会使国家的安全和利益遭受特别严重的损害

4.2.10.7　MD_数据覆盖层内容类型代码《〈代码表〉》

MD_数据覆盖层内容类型代码《〈代码表〉》的内容见表35。

表 35　MD_数据覆盖层内容类型代码

序号	名称	名称（英文）	域代码	说明
1	MD_数据覆盖层内容类型代码	MD_CoverageContentTypeCode	ContentTypCd	说明格网单元中表示的信息类型
2	影像	image	001	物理参数的有意义的数字表示，它不是物理参数的真实值

表 35（续）

序号	名称	名称（英文）	域代码	说明
3	专题分类	thematicClassification	002	不具有定量含义，用于表示物理量的代码值
4	物理度量	physicalMeasurement	003	度量的物理单元值

4.2.10.8 MD_几何对象类型代码《〈代码表〉》

MD_几何对象类型代码《〈代码表〉》的内容见表36。

表 36 MD_几何对象类型代码

序号	名称	名称（英文）	域代码	说明
1	MD_几何对象类型代码	MD_GeometricObjectTypeCode	GeoObjTypCd	点或矢量对象的名称，用于确定数据集中零维、一维、二维或三维空间位置
2	复形	complex	001	一组几何单形，它们的边界可以表示为其他单形的联合
3	组合	composite	002	相互连接的曲线、立体或面的集合
4	曲线	curve	003	有界的一维几何单形，表示一条线的连续实体
5	点	point	004	零维几何单形，表示一个没有覆盖范围的位置
6	立体	solid	005	有界的、连接的三维几何单形，表示一个空间区域的连续实体
7	面	surface	006	有界的、连接的二维几何单形，表示一个平面区域的连续实体

4.2.10.9 MD_进展代码《〈代码表〉》

MD_进展代码《〈代码表〉》的内容见表37。

表 37 MD_进展代码

序号	名称	名称（英文）	域代码	说明
1	MD_进展代码	MD_ProgressCode	ProgCd	地理信息状况或更新进展
2	完成	completed	001	已经完成的数据产品
3	历史档案	historicalArchive	002	存贮在离线存贮设备中的数据
4	废弃	obsolete	003	不再有用的数据
5	连续更新	onGoing	004	持续更新的数据
6	计划	planned	005	已经确定了数据生产或更新日期
7	急需	required	006	需要生产或更新的数据
8	正在开发	underdevelopment	007	当前正在进行生产处理的数据

4.2.10.10 MD_限制代码《《代码表》》

MD_限制代码《《代码表》》的内容见表38。

表 38 MD_限制代码

序号	名称	名称（英文）	域代码	说明
1	MD_限制代码	MD_RestrictionCode	RestrictCd	对访问或使用地理信息施加的限制
2	版权	copyright	001	法律批准的版权权利人在确定的时间内，对出版、创作或销售版权产品的专有权利
3	专利权	patent	002	政府已经批准的制造、出售、使用或特许发明或发现的专门权利
4	专利审查中	patentPending	003	等待专利权的生产或销售信息
5	商标	trademark	004	标识产品的、法律上只限于所有者或厂商使用的，正式注册的名称、符号或其他图案
6	许可证	license	005	正式许可做某事
7	知识产权	intellectualPropertyRights	006	从创造活动产生的无形资产的分发或分发控制获得经济利益的权利
8	受限制	restricted	007	控制一般的流通或公开
9	其他限制	otherRestriction	008	未列出的限制

4.2.10.11 MD_空间表示类型代码《《代码表》》

MD_空间表示类型代码《《代码表》》的内容见表39。

表 39 MD_空间表示类型代码

序号	名称	名称（英文）	域代码	说明
1	MD_空间表示类型代码	MD_SpatialRepresentationTypeCode	SpatRepTypCd	用于表示数据集中地理信息的方法
2	矢量	vector	001	用于表示地理数据的矢量数据
3	格网	grid	002	用于表示地理数据的格网数据
4	文字表格	textTable	003	用于表示地理数据的文本或表格数据
5	三角网	tin	004	不规则三角网
6	立体模型	stereoModel	005	重叠像对的同名光线相交形成的三维视图
7	录像	video	006	记录的视频场景
8	影像	image	007	影像

4.2.10.12 MD_专题类型代码《《代码表》》

MD_专题类型代码《《代码表》》的内容见表40。

CH/Z 9018—2012

表40 MD_专题类型代码

序号	名称	名称(英文)	域代码	说明
1	MD_专题类型代码	MD_TopicCategoryCode	TopicCatCd	地理信息顶层专题类别
2	大地测量成果	geodetic	S01	包括卫星定位测量、三角测量、水准测量、天文测量、重力测量、大地测量数据处理产生的成果
3	测绘航摄测量成果	airPhotograph	S02	各级比例尺的测绘航空摄影成果
4	摄影测量与遥感成果	rsAndPhotograph	S03	通过摄影测量与遥感途径获得的成果
5	工程测量成果	project	S04	包括控制测量、地形测量、城镇规划定线与拨地测量、市政工程测量、水利工程测量、建筑工程测量、精密工程测量、线路工程测量、地下管线测量、桥梁测量、矿山测量、隧道测量、变形观测、形变测量以及竣工测量等的成果
6	地籍地理信息	cadastration	S05	包括地块平面控制测量、地籍要素测量、宗地测量、面积测算等产生的数据集（如控制点和界址点坐标等）、地籍图和地籍册等
7	房产地理信息	houseProperty	S06	包括房产平面控制测量、房产要素测量、房产图测绘、面积测算、变更测量等的成果
8	行政界线地理信息	adminBoundary	S07	行政区域界线测绘产生的成果
9	GIS工程成果	gisProject	S08	包括摄影测量数据处理、空间遥感地理信息数据处理、外业采集的地理信息数据处理、地图数字化、建立数据库、建立基础地理信息系统、建立专业地理信息系统等活动产生的成果
10	地图编制成果	mapCompiling	S09	包括地形图编制、普通地图(集、册)、专题地图(集、册)、特种地图制作、电子地图制作、导航电子地图制作、地图制版等活动产生的成果
11	海洋地理信息	ocean	S10	包括海域范围的控制测量、海岸滩涂地形测量、海洋工程测量、海底地形测量(含扫海测量)、水下障碍物探测、水下地形测量、海洋航空与遥感测绘、海图(集、册)编制、港口与航道工程测量、海域界线测量产生的成果
12	军事地理信息	military	S11	指具有军事内容或者为军队作战、训练、军事工程、战略准备等而实施的测绘活动产生的成果
13	其他地理信息	other	S00	无法明确区分类别的测绘活动产生的成果
14	综合地理信息	complex	S99	包含多种类型的测绘活动产生的成果

4.2.10.13 MD_拓扑等级代码《代码表》

MD_拓扑等级代码《代码表》的内容见表41。

表41 MD_拓扑等级代码

序号	名称	名称（英文）	域代码	说明
1	MD_拓扑等级代码	MD_TopologyLevelCode	TopoLevCd	空间关系的复杂程度
2	单纯几何	geometryOnly	001	无任何说明拓扑关系的附加结构的几何对象
3	一维拓扑	topology1D	002	一维拓扑复形，一般称为"链-结点"拓扑关系
4	平面图	planarGraph	003	一维拓扑平面复形（平面复形是可以在平面上绘制的图形，除顶点外无两条边相交）
5	完全平面图	fullPlanarGraph	004	二维拓扑平面复形（二维拓扑复形一般称为在二维制图环境中的"完全拓扑关系"）
6	表面图	surfaceGraph	005	与表面的子集同形的一维拓扑复形（只要它们的元素一对一、维和边界互相保持一致，几何复形与拓扑复形同形）
7	完全表面图	fullSurfaceGraph	006	与表面子集同形的二维拓扑复形
8	三维拓扑	topology3D	007	三维拓扑复形（拓扑复形是在边界操作下闭合的拓扑单形的集合）
9	完全三维拓扑	fullTopology3D	008	完全覆盖三维欧几里得（Euclidean）坐标空间
10	抽象	abstract	009	无任何特定几何实现的拓扑复形

4.2.10.14 SC_大地坐标参照系《代码表》

SC_大地坐标参照系《代码表》的内容见表42。

表42 SC_大地坐标参照系代码

序号	名称	名称（英文）	域代码	说明
1	SC_大地坐标参照系	SC_GeodeticReferenceSystem	GeoRefSysCd	
2	1954北京坐标系	BeijingGeodeticCoordinateSystem-1954	001	采用克拉索夫斯基椭球体： 长半轴 $a=6\ 378\ 245$ 米； 扁率 $f=1/298.3$
3	1980西安坐标系	Xi'anGeodeticCoordinateSystem-1980	002	采用1975年IUGG第16届大会推荐的椭球体参数： 长半轴 $a=6\ 378\ 140$ 米； 扁率 $f=1/298.257$

表 42（续）

序号	名称	名称（英文）	域代码	说明
4	独立坐标系	independentCoordinateSystem	003	相对独立于国家坐标系的局部坐标系
5	全球参考系	worldReferenceSystem	004	全球参考系（用于检索陆地卫星数据的一个全球检索系统）
6	IAG 1979 年大地参照系	geodeticReferenceSystem-1980	005	IAG 1979 年大会通过的大地参照系
7	世界大地坐标系	worldGeodeticSystem-1984	006	世界大地坐标系，原点在地球质心
8	2000 国家大地坐标系	CGCS2000	007	原点位于地球质心的参考椭球体： 长半轴 $a=6\,378\,137$ 米； 扁率 $f=1/298.257\,222\,101$

4.2.10.15 SC_垂向坐标参照系《〈代码表〉》

SC_垂向坐标参照系《〈代码表〉》的内容见表 43。

表 43 SC_垂向坐标参照系代码

序号	名称	名称（英文）	域代码	说明
	SC_垂向坐标参照系	SC_VerticalReferenceSystem	VerRefSysCd	
1	1956 黄海高程基准	HuanghaiVerticalDatum-1956	101	1961 年后全国统一采用
2	1985 国家高程基准	NationalVerticalDatum-1985	102	经国务院批准，国家测绘局于 1987 年 5 月 26 日公布使用
3	独立高程基准	independentVerticalDatum	103	相对独立于国家高程系外的局部高程坐标系
4	略最低低潮面（印度大潮低潮面）	lowestNormalLowWater	201	1956 年前采用
5	理论深度基准面	depthDatum	202	1956 年起采用
6	国家重力控制网（57 网）	NationalGravityDatum-1957	301	重力基准由苏联引入，属波茨坦重力基准
7	1985 国家重力基本网（85 网）	NationalGravityDatum-1985	302	综合性的重力基准

4.2.10.16 MD_成图形式代码《〈代码表〉》

MD_成图形式代码《〈代码表〉》的内容见表 44。

表 44 MD_成图形式代码

序号	名称	名称（英文）	域代码	说明
1	MD_成图形式代码	MD_MapFormTypeCode	MapFormTypeCd	地图的成图形式
2	印刷成图	byPrintting	001	印刷成图
3	编制原图	CompilingOriginal	002	编制原图
4	编绘成图	byPlotting	003	编绘成图
5	航测成图	byAirphoto	004	航测成图
6	航测数字化图	bydigitizingAirPhoto	005	航测数字化图
7	其他	otherMappingMethod	006	其他成图方法

4.2.10.17 DS_关联类型代码《《代码表》》

DS_关联类型代码《《代码表》》的内容见表 45。

表 45 DS_关联类型代码

序号	名称	名称（英文）	域代码	说明
1	DS_关联类型代码	DS_AssociationTypeCode	AscTypeCd	与相关地理信息的关联关系类型
2	相互引用	crossReference	001	相互引用关系
3	组成元素	largerWorkCitation	002	是关联成果的组成要素,如控制点与控制网的关系
4	部分与整体	partOfSeamlessDatabase	003	存放在计算机中的结构相同的数据集的一部分
5	成果来源	source	004	关联对象是当前成果的资料来源
6	立体像对	stereomate	005	一组影像的一部分,当将它们一起使用时,可构成三维影像

5 XML 模式实现

5.1 编码规则

5.1.1 元数据类编码为 XML 模式的基本规则

本指导性技术文件根据 GB/Z 24357—2009 的基本规则,要求元数据实体和数据类型应申明为复杂类型,代码表应使用 XML 的枚举类型进行定义,其他简单类型宜采用 XML 的内置数据类型。

5.1.2 元数据实体

表 46 是删除了部分内容的元数据数据字典片段编码示例。

表46 元数据实体编码示例

序号	名称/角色名称	名称/角色名称（英文）	缩写名	说明	约束/条件	最大出现次数	数据类型	域
1	MD_元数据	MD_Metadata	Metadata		M	1	类	
11	角色名称：地理信息资源标识信息	Role name：identificationInfo	dataIdInfo		M	N	关联	MD_标识《抽象》
12	角色名称：地理信息质量信息	Role name：dataQualityInfo	dqInfo		M	N	关联	DQ_地理信息质量
17	MD_标识	MD_Identification	Ident				聚集类（MD_元数据）《抽象》	
34	MD_数据标识	MD_DataIdentification	DataIdent				特化类（MD_标识）	
100	DQ_地理信息质量	DQ_DataQuality	DataQual				聚集类（MD_元数据）	

下面将以此为例说明编码规则。

对所有实体（类）生成相应的XCT，其name属性值为该实体的英文名称（表46第3列）加上"_Type"作为后缀；对于抽象类，其名称前还需加上"Abstract"作为前缀，且其abstract属性必须指定为"true"。

对于所有具有特化类且出现在表46第8列中作为关联类型的实体，申明一个XCGE和XCPT。该XCGE的name属性的值为该实体的英文缩写名（表46第4列），该XCPT的name属性值为该实体的英文名称加上"_PropertyType"作为后缀。抽象类对应的XCGE的abstract属性指定为"true"。该XCPT中应包含一个引用该XCGE的元素。

示例1：DQ_DataQuality一个实体（类）没有特化类时的编码方法。
申明XCT：

```
〈xsd:complexType name = "DQ_DataQuality_Type"〉
    〈xsd:sequence〉
        〈xsd:element name = "..."/〉
    〈/xsd:sequence〉
〈/xsd:complexType〉
```

示例2：MD_Identification一个抽象类及其MD_DataIdentification特化类的编码方法。
步骤如下：
a) 申明XCT：

```
〈xsd:complexType name = "AbstractMD_Identification_Type" abstract = "true"〉
    〈xsd:sequence〉
        〈xsd:element name = "..."/〉
    〈/xsd:sequence〉
```

```
</xsd:complexType>
```
    b) 申明一个 XCGE：

```
<xsd:element name = "Ident" type = "AbstractMD_Identification_Type" abstract = "true"/>
```
    c) 申明一个相应的 XCPT：

```
<xsd:complexType name = "MD_Identification_PropertyType" abstract = "true">
    <xsd:sequence>
        <xsd:element ref = "Ident"/>
    </xsd:sequence>
</xsd:complexType>
```

特化类与基类之间具有继承关系，利用 XML 模式的 substitutionGroup 机制来实现。其编码遵循的规则与上面的规则相同，只是在申明 XCGE 时需要指定 substitutionGroup 属性的值为其父类的 XCGE 的名称。

示例3：MD_DataIdentification 的编码方法。

步骤如下：

    a) 申明 XCT：

```
<xsd:complexType name = "MD_DataIdentification_Type">
    <xsd:sequence>
        <xsd:element name = "..."/>
    </xsd:sequence>
</xsd:complexType>
```

    b) 申明 XCGE：

```
<xsd:element name = "DataIdent" type = "MD_DataIdentification_Type" substitutionGroup = "Ident"/>
```

由于 MD_DataIdentification 不直接作为关联类型出现在第 8 列，也没有特化类，因此不需要申明 XCPT。

对于实体中的元素，即类的属性，申明为 XML 元素，即 element，其 name 属性为数据字典中定义的英文缩写名（表 46 第 4 列），其 minOccurs 和 maxOccurs 属性则根据表 46 第 6、7 列的规定进行定义。如果元素的类型对应的是一个具有特化类的类，其 type 属性应指定为该类的 XCPT；如果是一个没有特化类的类，其 type 属性应指定为该类的 XCT；其他简单类型情况下，直接通过 XML 内置数据类型进行指定。

示例4：MD_Metadata 编码方法。表 46 中 MD_Metadata 实体包含两个元素，英文缩写名分别为 dataIdInfo 和 dqInfo。dataIdInfo 对应的类型为 MD_Identification，是一个具有特化类的抽象类，dqInfo 的类型是 DQ_DataQuality，没有特化类。

申明 XCT：

```
<xsd:complexType name = " MD_Metadata_Type">
    <xsd:sequence>
        <xsd:element name = "dataIdInfo" type = "MD_Identification_PropertyType" maxOccurs = "unbounded"/>
        <!-- MD_Identification 有特化类，所以 type 指定为它的 XCPT-->
        <xsd:element name = "dqInfo" type = "DQ_DataQuality_Type" maxOccurs = "unbounded"/>
        <!-- DQ_DataQuality 没有特化类，所以 type 指定为它的 XCT-->
    </xsd:sequence>
</xsd:complexType>
```

5.1.3 代码表

代码表编码为 XML Schema 中的枚举简单类型,类型名称为代码表的英文名称。每一个代码项用一个〈enumeration〉标记进行编码,其 value 属性指定为代码表中的中文名称。

示例5:以下为表 47 的编码。

```
〈xsd:simpleType name = "MD_ProgressCode"〉
    〈xsd:restriction base = "xsd:NMTOKEN"〉
        〈xsd:enumeration value = "完成"/〉
        〈xsd:enumeration value = "历史档案"/〉
        〈xsd:enumeration value = "废弃"/〉
        〈xsd:enumeration value = "连续更新"/〉
        〈xsd:enumeration value = "计划"/〉
        〈xsd:enumeration value = "急需"/〉
        〈xsd:enumeration value = "正在开发"/〉
    〈/xsd:restriction〉
〈/xsd:simpleType〉
```

表 47　MD_进展代码

序号	名称	名称(英文)	域代码	说明
1	MD_进展代码	MD_ProgressCode	ProgCd	数据集状况或更新进展
2	完成	completed	001	已经完成的数据产品
3	历史档案	historicalArchive	002	存贮在离线存贮设备中的数据
4	废弃	obsolete	003	不再有用的数据
5	连续更新	onGoing	004	持续更新的数据
6	计划	planned	005	已经确定了数据生产或更新日期
7	急需	required	006	需要生产或更新的数据
8	正在开发	underDevelopment	007	当前正在进行生产处理的数据

附 录 A
（资料性附录）
XML 模式文件

根据本指导性技术文件的编码规则，以下为编码而成的地理信息元数据内容规范的 XML 模式文件。

注：可以从 http://data.sbsm.gov.cn/schema/smmd/1.0.6/smmd.xsd 获得。

```
<?xml version = "1.0" encoding = "UTF-8"?>
<xsd:schema xmlns:xsd = "http://www.w3.org/2001/XMLSchema"
targetNamespace = "http://data.sbsm.gov.cn/smmd/2007"
xmlns:smmd = "http://data.sbsm.gov.cn/smmd/2007" version = "1.0.6"
elementFormDefault = "qualified">
    <xsd:element name = "Metadata" type = "smmd:MD_Metadata_Type"/>
    <xsd:complexType name = "MD_Metadata_Type">
        <xsd:sequence>
            <xsd:element name = "mdFileID" type = "xsd:string" minOccurs = "0"/>
            <xsd:element name = "mdParentID" type = "xsd:string" minOccurs = "0"/>
            <xsd:element name = "mdLang"
type = "xsd:string" default = "简体中文" minOccurs = "0"/>
            <xsd:element name = "mdChar"
type = "smmd:MD_CharacterSetCode" default = "GB2312" minOccurs = "0"/>
            <xsd:element name = "mdHrLvName" type = "xsd:string" minOccurs = "0"/>
            <xsd:element name = "mdContact"
type = "smmd:CI_ResponsibleParty_Type" maxOccurs = "unbounded"/>
            <xsd:element name = "mdDateSt" type = "xsd:date"/>
            <xsd:element name = "mdStanName"
type = "smmd:nonNullStringType" minOccurs = "0"/>
            <xsd:element name = "mdStanVer"
type = "smmd:nonNullStringType" fixed = "1.0" minOccurs = "0"/>
            <xsd:element name = "dataIdInfo"
type = "smmd:MD_Identification_PropertyType" maxOccurs = "unbounded"/>
            <xsd:element name = "dqInfo" maxOccurs = "unbounded"
type = "smmd:DQ_DataQuality_Type"/>
            <xsd:element name = "spatRepInfo"
type = "smmd:MD_SpatialRepresentation_PropertyType" minOccurs = "0" maxOccurs = "unbounded"/>
            <xsd:element name = "refSysInfo"
type = "smmd:MD_ReferenceSystem_Type" minOccurs = "0" maxOccurs = "unbounded"/>
            <xsd:element name = "contInfo"
type = "smmd:MD_ContentInformation_PropertyType" minOccurs = "0" maxOccurs = "unbounded"/>
```

```
            <xsd:element name="distInfo" type="smmd:MD_Distribution_Type" minOccurs="0" maxOccurs="unbounded"/>
        </xsd:sequence>
        <xsd:attribute name="createdBy" use="optional" type="xsd:string"/>
    </xsd:complexType>

    <xsd:simpleType name="nonNullStringType">
        <xsd:restriction base="xsd:string">
            <xsd:minLength value="1"/>
        </xsd:restriction>
    </xsd:simpleType>

    <xsd:complexType name="CI_Date_Type">
        <xsd:sequence>
            <xsd:element name="refDate" type="xsd:date"/>
            <xsd:element name="refDateType" type="smmd:CI_DateTypeCode"/>
        </xsd:sequence>
    </xsd:complexType>

    <xsd:complexType name="AbstractMD_Identification_Type" abstract="true">
        <xsd:sequence>
            <xsd:element name="idCitation" type="smmd:CI_Citation_Type"></xsd:element>
            <xsd:element name="idAbs" type="xsd:string"></xsd:element>
            <xsd:element name="idPurp" type="xsd:string" minOccurs="0"></xsd:element>
            <xsd:element name="dataLang" type="xsd:string" default="zh_CN"/>
            <xsd:element name="idStatus" type="smmd:MD_ProgressCode" minOccurs="0" maxOccurs="unbounded"></xsd:element>
            <xsd:element name="idPoC" type="smmd:CI_ResponsibleParty_Type" minOccurs="0" maxOccurs="unbounded"/>
            <xsd:element name="keyword" type="xsd:string" minOccurs="0" maxOccurs="unbounded"/>
            <xsd:element name="graphOver" type="smmd:MD_BrowseGraphic_Type" minOccurs="0" maxOccurs="unbounded"/>
            <xsd:element name="resType" type="smmd:MD_ResourceTypeCode"/>
            <xsd:element name="resSubType" type="xsd:string" minOccurs="0"/>
            <xsd:element name="tpCat" type="smmd:MD_TopicCategoryCode" maxOccurs="unbounded"/>
            <xsd:element name="refTheme" type="smmd:MD_ReferencedTheme_Type" minOccurs="0" maxOccurs="unbounded"/>
            <xsd:element name="resConst" type="smmd:MD_Constraints_PropertyType" maxOccurs="unbounded"/>
            <xsd:element name="dsFormat"
```

```
type="smmd:MD_Format_Type" minOccurs="0" maxOccurs="unbounded"/>
            <xsd:element name="aggrInfo"
type="smmd:MD_AggregateInfomation_Type" minOccurs="0" maxOccurs="1"/>
            <xsd:element name="dataExt"
type="smmd:EX_Extent_Type" minOccurs="0" maxOccurs="unbounded"/>
        </xsd:sequence>
    </xsd:complexType>

    <xsd:element name="Ident"
type="smmd:AbstractMD_Identification_Type" abstract="true"/>

    <xsd:complexType name="MD_Identification_PropertyType">
        <xsd:sequence>
            <xsd:element ref="smmd:Ident"/>
        </xsd:sequence>
    </xsd:complexType>


    <xsd:complexType name="MD_ReferencedTheme_Type">
        <xsd:sequence>
            <xsd:element name="title" type="xsd:string"/>
            <xsd:element name="identifier" type="xsd:string" minOccurs="0"/>
            <xsd:element name="sourceName" type="xsd:string" minOccurs="0"/>
            <xsd:element name="sourceCode" type="xsd:string" minOccurs="0"/>
            <xsd:element name="subTheme"
type="smmd:MD_ReferencedTheme_Type" minOccurs="0"/>
        </xsd:sequence>
    </xsd:complexType>

    <xsd:complexType name="MD_DataIdentification_Type">
        <xsd:complexContent>
            <xsd:extension base="smmd:AbstractMD_Identification_Type">
                <xsd:sequence>
                    <xsd:element name="spatRpType"
type="smmd:MD_SpatialRepresentationTypeCode" minOccurs="0" maxOccurs="unbounded"/>
                    <xsd:element name="dataScale"
type="smmd:MD_Resolution_Type" minOccurs="0" maxOccurs="unbounded"/>
                    <xsd:element name="dataChar"
type="smmd:MD_CharacterSetCode" default="GB2312" minOccurs="0"/>
                </xsd:sequence>
            </xsd:extension>
        </xsd:complexContent>
    </xsd:complexType>
```

```xml
<xsd:complexType name="SV_ServiceIdentification_Type">
    <xsd:complexContent>
        <xsd:extension base="smmd:AbstractMD_Identification_Type">
            <xsd:sequence>
                <xsd:element name="serType" type="xsd:string"/>
                <xsd:element name="serVersion" type="xsd:string" maxOccurs="unbounded" minOccurs="0"/>
                <xsd:element name="serOpsOn" type="smmd:MD_DataIdentification_Type" maxOccurs="unbounded" minOccurs="0"/>
                <xsd:element name="operation" type="smmd:SV_OperationMetadata_Type" maxOccurs="unbounded" minOccurs="0"/>
                <xsd:element name="couplingType" type="xsd:string" minOccurs="0"/>
            </xsd:sequence>
        </xsd:extension>
    </xsd:complexContent>
</xsd:complexType>

<xsd:complexType name="SV_OperationMetadata_Type">
    <xsd:sequence>
        <xsd:element name="opName" type="xsd:string"/>
        <xsd:element name="DCP" type="xsd:string" maxOccurs="unbounded"/>
        <xsd:element name="connectPoint" type="smmd:CI_OnLineResource_Type" maxOccurs="unbounded"/>
    </xsd:sequence>
</xsd:complexType>

<xsd:complexType name="MD_ImageIdentification_Type">
    <xsd:complexContent>
        <xsd:extension base="smmd:MD_DataIdentification_Type">
            <xsd:sequence>
                <xsd:element name="granuleID" type="xsd:string" minOccurs="0"/>
                <xsd:element name="imagOrbID" type="xsd:string" minOccurs="0"/>
                <xsd:element name="orbNum" type="xsd:string" minOccurs="0"/>
                <xsd:element name="color" type="xsd:string"/>
                <xsd:element name="sensor" type="xsd:string"/>
                <xsd:element name="satellite" type="xsd:string" minOccurs="0"/>
                <xsd:element name="band" type="xsd:string" minOccurs="0"/>
                <xsd:element name="focus" type="xsd:integer" minOccurs="0"/>
            </xsd:sequence>
        </xsd:extension>
    </xsd:complexContent>
```

```
        </xsd:complexType>

        <xsd:complexType name="MD_ArchiveIdentification_Type">
            <xsd:complexContent>
                <xsd:extension base="smmd:AbstractMD_Identification_Type">
                    <xsd:sequence>
                        <xsd:element name="archNo" type="xsd:string"/>
                        <xsd:element name="archCat" type="xsd:string" minOccurs="0"/>
                        <xsd:element name="numOfCopy" type="xsd:string" minOccurs="0"/>
                        <xsd:element name="numOfEle" type="xsd:string" minOccurs="0"/>
                        <xsd:element name="mediaType" type="xsd:string" minOccurs="0"/>
                        <xsd:element name="versionType" type="xsd:string" minOccurs="0"/>
                    </xsd:sequence>
                </xsd:extension>
            </xsd:complexContent>
        </xsd:complexType>

        <xsd:element name="DataIdent" type="smmd:MD_DataIdentification_Type" substitutionGroup="smmd:Ident"/>
        <xsd:element name="SerIdent" type="smmd:SV_ServiceIdentification_Type" substitutionGroup="smmd:Ident"/>
        <xsd:element name="ImageIdent" type="smmd:MD_ImageIdentification_Type" substitutionGroup="smmd:Ident"/>
        <xsd:element name="ArchIdent" type="smmd:MD_ArchiveIdentification_Type" substitutionGroup="smmd:Ident"/>
        <xsd:element name="AnalogMapArchID" type="smmd:MD_AnalogMapIdentification_Type" substitutionGroup="smmd:ArchIdent"/>
        <xsd:element name="DigArchID" type="smmd:MD_DigitalArchiveIdentification_Type" substitutionGroup="smmd:ArchIdent"/>

        <xsd:complexType name="MD_AnalogMapIdentification_Type">
            <xsd:complexContent>
                <xsd:extension base="smmd:MD_ArchiveIdentification_Type">
                    <xsd:sequence>
                        <xsd:element name="newMapNum" type="xsd:string"/>
                        <xsd:element name="oldMapNum" type="xsd:string"/>
                        <xsd:element name="mapForm" type="smmd:MD_MapFormCode" minOccurs="0"/>
                        <xsd:element name="mapColor" type="xsd:string" minOccurs="0"/>
                        <xsd:element name="mediaSize" type="xsd:string" minOccurs="0"/>
                        <xsd:element name="mapScale" type="xsd:string" minOccurs="0"/>
                        <xsd:element name="vertInterval" type="xsd:string" minOccurs="0"/>
```

```xml
            </xsd:sequence>
         </xsd:extension>
      </xsd:complexContent>
   </xsd:complexType>

   <xsd:complexType name="MD_DigitalArchiveIdentification_Type">
      <xsd:complexContent>
         <xsd:extension base="smmd:MD_ArchiveIdentification_Type">
            <xsd:sequence>
               <xsd:element name="dataAmount" type="xsd:string" minOccurs="0"/>
               <xsd:element name="baseSoftware" type="xsd:string" minOccurs="0"/>
               <xsd:element name="archScale" type="smmd:MD_Resolution_Type" minOccurs="0"/>
            </xsd:sequence>
         </xsd:extension>
      </xsd:complexContent>
   </xsd:complexType>

   <xsd:complexType name="MD_Constraints_Type">
      <xsd:sequence>
         <xsd:element name="useLimit" type="xsd:string" minOccurs="0" maxOccurs="unbounded"/>
      </xsd:sequence>
   </xsd:complexType>

   <xsd:element name="Consts" type="smmd:MD_Constraints_Type"/>

   <xsd:complexType name="MD_Constraints_PropertyType">
      <xsd:sequence>
         <xsd:element ref="smmd:Consts"/>
      </xsd:sequence>
   </xsd:complexType>

   <xsd:complexType name="MD_AggregateInfomation_Type">
      <xsd:sequence>
         <xsd:element name="aggrDSName" type="smmd:CI_Citation_Type"/>
         <xsd:element name="assocType" type="smmd:DS_AssociationTypeCode" default="组成元素"/>
      </xsd:sequence>
   </xsd:complexType>

   <xsd:element name="AgrregateInfo" type="smmd:MD_AggregateInfomation_Type"/>
```

```
〈xsd:complexType name="MD_AggregateInfomation_PropertyType"〉
    〈xsd:sequence〉
        〈xsd:element ref="smmd:AgrregateInfo"/〉
    〈/xsd:sequence〉
〈/xsd:complexType〉

〈xsd:complexType name="MD_LegalConstraints_Type"〉
    〈xsd:complexContent〉
        〈xsd:extension base="smmd:MD_Constraints_Type"〉
            〈xsd:sequence〉
                〈xsd:element name="accessConsts" type="smmd:MD_RestrictionCode" default="知识产权" minOccurs="0" maxOccurs="unbounded"/〉
                〈xsd:element name="useConsts" type="smmd:MD_RestrictionCode" default="知识产权" minOccurs="0" maxOccurs="unbounded"/〉
            〈/xsd:sequence〉
        〈/xsd:extension〉
    〈/xsd:complexContent〉
〈/xsd:complexType〉

〈xsd:element name="LegConsts" type="smmd:MD_LegalConstraints_Type" substitutionGroup="smmd:Consts"/〉

〈xsd:complexType name="MD_SecurityConstraints_Type"〉
    〈xsd:complexContent〉
        〈xsd:extension base="smmd:MD_Constraints_Type"〉
            〈xsd:sequence〉
                〈xsd:element name="class" type="smmd:MD_ClassificationCode" default="未分级" maxOccurs="unbounded"/〉
                〈xsd:element name="userNote" type="xsd:string" minOccurs="0" maxOccurs="unbounded"/〉
            〈/xsd:sequence〉
        〈/xsd:extension〉
    〈/xsd:complexContent〉
〈/xsd:complexType〉

〈xsd:element name="SecConsts" type="smmd:MD_SecurityConstraints_Type" substitutionGroup="smmd:Consts"/〉

〈xsd:complexType name="DQ_DataQuality_Type"〉
    〈xsd:sequence〉
```

```xml
            <xsd:element name="dqStatement" type="xsd:string"/>
            <xsd:element name="linStatement" type="xsd:string"/>
        </xsd:sequence>
</xsd:complexType>

<xsd:complexType name="AbstractMD_SpatialRepresentation_Type" abstract="true"/>

<xsd:element name="SpatRep"
type="smmd:AbstractMD_SpatialRepresentation_Type" abstract="true"/>

<xsd:complexType name="MD_SpatialRepresentation_PropertyType">
    <xsd:sequence>
        <xsd:element ref="smmd:SpatRep"/>
    </xsd:sequence>
</xsd:complexType>

<xsd:element name="GridSpatRep"
type="smmd:MD_GridSpatialRepresentation_Type" substitutionGroup="smmd:SpatRep"/>
<xsd:element name="VectSpatRep"
type="smmd:MD_VectorSpatialRepresentation_Type" substitutionGroup="smmd:SpatRep"/>

<xsd:complexType name="MD_GridSpatialRepresentation_Type">
    <xsd:complexContent>
        <xsd:extension base="smmd:AbstractMD_SpatialRepresentation_Type">
            <xsd:sequence>
                <xsd:element name="gridOrder" type="xsd:string"/>
                <xsd:element name="gridRows" type="xsd:integer"/>
                <xsd:element name="gridColumns" type="xsd:integer"/>
                <xsd:element name="leftUpLong" type="xsd:decimal"/>
                <xsd:element name="leftUpLat" type="xsd:decimal"/>
                <xsd:element name="leftUpX" type="xsd:decimal"/>
                <xsd:element name="leftUpY" type="xsd:decimal"/>
            </xsd:sequence>
        </xsd:extension>
    </xsd:complexContent>
</xsd:complexType>

<xsd:complexType name="MD_VectorSpatialRepresentation_Type">
    <xsd:complexContent>
        <xsd:extension base="smmd:AbstractMD_SpatialRepresentation_Type">
            <xsd:sequence>
                <xsd:element name="topLvl" type="smmd:MD_TopoLogyLevelCode"/>
```

```
                    <xsd:element name="geoObjType"
type="smmd:MD_GeometricObjectTypeCode"/>
                </xsd:sequence>
            </xsd:extension>
        </xsd:complexContent>
    </xsd:complexType>

    <xsd:complexType name="AbstractMD_ContentInformation_Type" abstract="true"/>

    <xsd:element name="ContInfo"
type="smmd:AbstractMD_ContentInformation_Type" abstract="true"/>

    <xsd:complexType name="MD_ContentInformation_PropertyType">
        <xsd:sequence>
            <xsd:element ref="smmd:ContInfo"/>
        </xsd:sequence>
    </xsd:complexType>

    <xsd:element name="FetCatDesc"
type="smmd:MD_FeatureCatalogueDescription_Type" substitutionGroup="smmd:ContInfo"/>
    <xsd:element name="CovDesc"
type="smmd:MD_CoverageDescription_Type" substitutionGroup="smmd:ContInfo"/>
    <xsd:element name="ImgDesc"
type="smmd:MD_ImageDescription_Type" substitutionGroup="smmd:CovDesc"/>

    <xsd:complexType name="MD_FeatureCatalogueDescription_Type">
        <xsd:complexContent>
            <xsd:extension base="smmd:AbstractMD_ContentInformation_Type">
                <xsd:sequence>
                    <xsd:element name="incWithDS" type="xsd:boolean"/>
                    <xsd:element name="catFetTypes"
type="xsd:string" minOccurs="0" maxOccurs="unbounded"/>
                    <xsd:element name="fetAttDesc"
type="xsd:string" minOccurs="0" maxOccurs="unbounded"/>
                </xsd:sequence>
            </xsd:extension>
        </xsd:complexContent>
    </xsd:complexType>

    <xsd:complexType name="MD_CoverageDescription_Type">
```

```xml
            <xsd:complexContent>
                <xsd:extension base="smmd:AbstractMD_ContentInformation_Type">
                    <xsd:sequence>
                        <xsd:element name="attDesc" type="xsd:string"/>
                        <xsd:element name="contentType" type="smmd:MD_CoverageContentTypeCode"/>
                    </xsd:sequence>
                </xsd:extension>
            </xsd:complexContent>
        </xsd:complexType>

        <xsd:complexType name="MD_ImageDescription_Type">
            <xsd:complexContent>
                <xsd:extension base="smmd:MD_CoverageDescription_Type">
                    <xsd:sequence>
                        <xsd:element name="cloudCovPer" type="xsd:decimal"/>
                    </xsd:sequence>
                </xsd:extension>
            </xsd:complexContent>
        </xsd:complexType>

        <xsd:complexType name="CI_Citation_Type">
            <xsd:sequence>
                <xsd:element name="resTitle" type="smmd:nonNullStringType"/>
                <xsd:element name="resAltTitle" type="smmd:nonNullStringType" minOccurs="0" maxOccurs="unbounded"/>
                <xsd:element name="citId" type="smmd:MD_Identifier_Type" minOccurs="0"/>
                <xsd:element name="resRefDate" type="smmd:CI_Date_Type" maxOccurs="unbounded"/>
                <xsd:element name="resEd" type="xsd:string" minOccurs="0"/>
                <xsd:element name="isbn" type="xsd:string" minOccurs="0"/>
                <xsd:element name="otherCitDet" type="xsd:string" minOccurs="0"/>
            </xsd:sequence>
        </xsd:complexType>

        <xsd:complexType name="CI_ResponsibleParty_Type">
            <xsd:sequence>
                <xsd:element name="rpIndName" type="xsd:string" minOccurs="0"/>
                <xsd:element name="rpOrgName" type="smmd:nonNullStringType"/>
                <xsd:element name="rpPosName" type="xsd:string" minOccurs="0"/>
```

```
            <xsd:element name="rpCntInfo" type="smmd:CI_Contact_Type" minOccurs="0"/>
            <xsd:element name="role" type="smmd:CI_RoleCode" default="分发者"/>
        </xsd:sequence>
    </xsd:complexType>

    <xsd:complexType name="CI_Contact_Type">
        <xsd:sequence>
            <xsd:element name="cntAddress" type="smmd:CI_Address_Type"/>
            <xsd:element name="cntOnLineRes" type="smmd:CI_OnLineResource_Type" minOccurs="0"/>
            <xsd:element name="voiceNum" type="xsd:string" minOccurs="0" maxOccurs="unbounded"/>
            <xsd:element name="faxNum" type="xsd:string" minOccurs="0" maxOccurs="unbounded"/>
        </xsd:sequence>
    </xsd:complexType>

    <xsd:complexType name="CI_Address_Type">
        <xsd:sequence>
            <xsd:element name="delPoint" type="smmd:nonNullStringType"/>
            <xsd:element name="city" type="xsd:string" minOccurs="0"/>
            <xsd:element name="adminArea" type="xsd:string" minOccurs="0"/>
            <xsd:element name="postCode" type="xsd:string" minOccurs="0"/>
            <xsd:element name="country" type="xsd:string" minOccurs="0"/>
            <xsd:element name="eMailAdd" type="xsd:string" minOccurs="0" maxOccurs="unbounded"/>
        </xsd:sequence>
    </xsd:complexType>

    <xsd:complexType name="EX_Extent_Type">
        <xsd:choice>
            <xsd:element name="exDesc" type="xsd:string"/>
            <xsd:element name="geoEle" type="smmd:EX_GeographicExtent_PropertyType" maxOccurs="unbounded"/>
            <xsd:element name="tempEle" type="smmd:EX_TemporalExtent_PropertyType" maxOccurs="unbounded"/>
            <xsd:element name="vertEle" type="smmd:EX_VerticalExtent_Type" maxOccurs="unbounded"/>
        </xsd:choice>
    </xsd:complexType>
```

```xml
<xsd:complexType name="EX_GeographicExtent_Type" abstract="true"/>
<xsd:element name="GeoExtent" type="smmd:EX_GeographicExtent_Type" abstract="true"/>
<xsd:complexType name="EX_GeographicExtent_PropertyType">
    <xsd:sequence>
        <xsd:element ref="smmd:GeoExtent"/>
    </xsd:sequence>
</xsd:complexType>

<xsd:complexType name="EX_GeographicBoundingPolygon_Type">
    <xsd:complexContent>
        <xsd:extension base="smmd:EX_GeographicExtent_Type">
            <xsd:sequence>
                <xsd:element name="polygon" type="xsd:string"/>
            </xsd:sequence>
        </xsd:extension>
    </xsd:complexContent>
</xsd:complexType>

<xsd:element name="BoundPoly" type="smmd:EX_GeographicBoundingPolygon_Type" substitutionGroup="smmd:GeoExtent"/>

<xsd:complexType name="EX_GeographicBoundingBox_Type">
    <xsd:complexContent>
        <xsd:extension base="smmd:EX_GeographicExtent_Type">
            <xsd:sequence>
                <xsd:element name="westBL" type="xsd:decimal"/>
                <xsd:element name="eastBL" type="xsd:decimal"/>
                <xsd:element name="southBL" type="xsd:decimal"/>
                <xsd:element name="northBL" type="xsd:decimal"/>
            </xsd:sequence>
        </xsd:extension>
    </xsd:complexContent>
</xsd:complexType>

<xsd:element name="GeoBndBox" type="smmd:EX_GeographicBoundingBox_Type" substitutionGroup="smmd:GeoExtent"/>

<xsd:complexType name="EX_BoundingCoordinates_Type">
    <xsd:complexContent>
        <xsd:extension base="smmd:EX_GeographicExtent_Type">
            <xsd:sequence>
```

```xml
                    <xsd:element name="WSCoordX" type="xsd:decimal"/>
                    <xsd:element name="WSCoordY" type="xsd:decimal"/>
                    <xsd:element name="WNCoordX" type="xsd:decimal"/>
                    <xsd:element name="WNCoordY" type="xsd:decimal"/>
                    <xsd:element name="ENCoordX" type="xsd:decimal"/>
                    <xsd:element name="ENCoordY" type="xsd:decimal"/>
                    <xsd:element name="ESCoordX" type="xsd:decimal"/>
                    <xsd:element name="ESCoordY" type="xsd:decimal"/>
                </xsd:sequence>
            </xsd:extension>
        </xsd:complexContent>
    </xsd:complexType>

    <xsd:element name="BndCoord"
type="smmd:EX_BoundingCoordinates_Type" substitutionGroup="smmd:GeoExtent"/>

    <xsd:complexType name="EX_GeographicDescription_Type">
        <xsd:complexContent>
            <xsd:extension base="smmd:EX_GeographicExtent_Type">
                <xsd:sequence>
                    <xsd:element name="geoId" type="xsd:string"/>
                </xsd:sequence>
            </xsd:extension>
        </xsd:complexContent>
    </xsd:complexType>

    <xsd:element name="GeoDesc"
type="smmd:EX_GeographicDescription_Type" substitutionGroup="smmd:GeoExtent"/>

    <xsd:complexType name="EX_TemporalExtent_Type">
        <xsd:sequence>
            <xsd:element name="tempId" minOccurs="0" maxOccurs="unbounded"/>
        </xsd:sequence>
    </xsd:complexType>

    <xsd:element name="TempExtent" type="smmd:EX_TemporalExtent_Type"/>

    <xsd:complexType name="EX_TemporalExtent_PropertyType">
        <xsd:sequence>
            <xsd:element ref="smmd:TempExtent"/>
        </xsd:sequence>
    </xsd:complexType>
```

```
<xsd:complexType name="TM_Instant_Type">
    <xsd:complexContent>
        <xsd:extension base="smmd:EX_TemporalExtent_Type">
            <xsd:sequence>
                <xsd:element name="position" type="xsd:date"/>
            </xsd:sequence>
        </xsd:extension>
    </xsd:complexContent>
</xsd:complexType>

<xsd:element name="Instant" type="smmd:TM_Instant_Type" substitutionGroup="smmd:TempExtent"/>

<xsd:complexType name="TM_Period_Type">
    <xsd:complexContent>
        <xsd:extension base="smmd:EX_TemporalExtent_Type">
            <xsd:sequence>
                <xsd:element name="beginning" type="xsd:date"/>
                <xsd:element name="ending" type="xsd:date"/>
            </xsd:sequence>
        </xsd:extension>
    </xsd:complexContent>
</xsd:complexType>

<xsd:element name="Period" type="smmd:TM_Period_Type" substitutionGroup="smmd:TempExtent"/>

<xsd:complexType name="EX_VerticalExtent_Type">
    <xsd:sequence>
        <xsd:element name="vertMinVal" type="xsd:decimal"/>
        <xsd:element name="vertMaxVal" type="xsd:decimal"/>
        <xsd:element name="conVal" type="xsd:decimal"/>
        <xsd:element name="vertUoM" type="xsd:string" default="米"/>
        <xsd:element name="vertCRS" type="smmd:SC_VerticalReferenceSystemCode" default="1985国家高程基准"/>
    </xsd:sequence>
</xsd:complexType>

<xsd:complexType name="CI_OnLineResource_Type">
```

```
        〈xsd:sequence〉
            〈xsd:element name="linkage" type="smmd:nonNullStringType"/〉
            〈xsd:element name="orDesc" type="xsd:string" minOccurs="0"/〉
            〈xsd:element name="orFunct" type="smmd:CI_OnLineFunctionCode" minOccurs="0"/〉
        〈/xsd:sequence〉
    〈/xsd:complexType〉

    〈xsd:complexType name="MD_BrowseGraphic_Type"〉
        〈xsd:sequence〉
            〈xsd:element name="bgFileName" type="smmd:nonNullStringType"/〉
            〈xsd:element name="bgFileDesc" type="xsd:string"/〉
            〈xsd:element name="bgFileType" type="xsd:string"/〉
        〈/xsd:sequence〉
    〈/xsd:complexType〉

    〈xsd:complexType name="MD_Resolution_Type"〉
        〈xsd:choice〉
            〈xsd:element name="equScale" type="smmd:nonNullStringType"/〉
            〈xsd:element name="scaleDist" type="smmd:nonNullStringType"/〉
        〈/xsd:choice〉
    〈/xsd:complexType〉

    〈xsd:complexType name="MD_Distribution_Type"〉
        〈xsd:sequence〉
            〈xsd:element name="onLineSrc" type="smmd:CI_OnLineResource_Type" minOccurs="0" maxOccurs="unbounded"/〉
            〈xsd:element name="distFormat" type="smmd:MD_Format_Type" minOccurs="0" maxOccurs="unbounded"/〉
            〈xsd:element name="distributor" type="smmd:MD_Distributor_Type" minOccurs="1" maxOccurs="unbounded"/〉
        〈/xsd:sequence〉
    〈/xsd:complexType〉

    〈xsd:complexType name="MD_Distributor_Type"〉
        〈xsd:sequence〉
            〈xsd:element name="distorCont" type="smmd:CI_ResponsibleParty_Type"/〉
            〈xsd:element name="ordInstr" type="smmd:nonNullStringType" maxOccurs="1"/〉
            〈xsd:element name="resFees" type="smmd:nonNullStringType" maxOccurs="1" minOccurs="0"/〉
```

```xml
        </xsd:sequence>
    </xsd:complexType>

    <xsd:complexType name="MD_Format_Type">
        <xsd:sequence>
            <xsd:element name="formatName" type="smmd:nonNullStringType"/>
            <xsd:element name="formatVer" type="smmd:nonNullStringType"/>
        </xsd:sequence>
    </xsd:complexType>

    <xsd:complexType name="MD_ReferenceSystem_Type">
        <xsd:choice>
            <xsd:element name="refSysID" type="smmd:MD_Identifier_Type"/>
            <xsd:element name="MdCoRefSys" type="smmd:MD_CRS_Type"/>
        </xsd:choice>
    </xsd:complexType>

    <xsd:complexType name="MD_Identifier_Type">
        <xsd:sequence>
            <xsd:element name="identAuth" type="smmd:CI_Citation_Type"/>
            <xsd:element name="identCode" type="xsd:string"/>
        </xsd:sequence>
    </xsd:complexType>

    <xsd:complexType name="MD_CRS_Type">
        <xsd:sequence>
            <xsd:element name="projection" type="smmd:nonNullStringType" minOccurs="1"/>
            <xsd:element name="ellipsoid" type="smmd:nonNullStringType" minOccurs="1"/>
            <xsd:element name="datum" type="smmd:SC_GeodeticReferenceSystemCode" default="1954北京坐标系" minOccurs="1"/>
            <xsd:element name="vertCRS" type="smmd:SC_VerticalReferenceSystemCode" default="1985国家高程基准" minOccurs="0"/>
            <xsd:element minOccurs="0" name="projParas" type="smmd:MD_ProjectionParameters_Type"/>
            <xsd:element minOccurs="0" name="ellParas" type="smmd:MD_EllipsoidParameters_Type"/>
        </xsd:sequence>
    </xsd:complexType>

    <xsd:complexType name="MD_ProjectionParameters_Type">
```

```xml
<xsd:sequence>
    <xsd:element minOccurs="0" name="zoningMode" type="xsd:string"/>
    <xsd:element minOccurs="0" name="zoneNum" type="xsd:string"/>
    <xsd:element minOccurs="0" name="stanParal" maxOccurs="2" type="xsd:string"/>
    <xsd:element minOccurs="0" name="longCntMer" type="xsd:string"/>
    <xsd:element minOccurs="0" name="latProjOri" type="xsd:string"/>
    <xsd:element minOccurs="0" name="falEastng" type="xsd:string"/>
    <xsd:element minOccurs="0" name="falNorthng" type="xsd:string"/>
    <xsd:element minOccurs="0" name="falENUnits" type="xsd:string"/>
    <xsd:element minOccurs="0" name="sclFacEqu" type="xsd:string"/>
    <xsd:element minOccurs="0" name="hgtProsPt" type="xsd:string"/>
    <xsd:element minOccurs="0" name="longProjCnt" type="xsd:string"/>
    <xsd:element minOccurs="0" name="latProjCnt" type="xsd:string"/>
    <xsd:element minOccurs="0" name="sclFacCnt" type="xsd:string"/>
</xsd:sequence>
</xsd:complexType>

<xsd:complexType name="MD_EllipsoidParameters_Type">
    <xsd:sequence>
        <xsd:element name="semiMajAx" type="smmd:nonNullStringType"/>
        <xsd:element name="axisUnits" type="smmd:nonNullStringType"/>
        <xsd:element name="denFlatRat" type="xsd:string" minOccurs="0"/>
    </xsd:sequence>
</xsd:complexType>

<xsd:simpleType name="SC_GeodeticReferenceSystemCode">
    <xsd:restriction base="xsd:NMTOKEN">
        <xsd:enumeration value="1954北京坐标系" id="GR_001"/>
        <xsd:enumeration value="1980西安坐标系" id="GR_002"/>
        <xsd:enumeration value="独立坐标系" id="GR_003"/>
        <xsd:enumeration value="全球参考系" id="GR_004"/>
        <xsd:enumeration value="IAG1979年大地参照系" id="GR_005"/>
        <xsd:enumeration value="世界大地坐标系" id="GR_006"/>
        <xsd:enumeration value="2000国家大地坐标系" id="GR_007"/>
    </xsd:restriction>
</xsd:simpleType>

<xsd:simpleType name="MD_CoverageContentTypeCode">
    <xsd:restriction base="xsd:NMTOKEN">
        <xsd:enumeration value="影像" id="CC_001"/>
        <xsd:enumeration value="专题分类" id="CC_002"/>
```

```xml
            <xsd:enumeration value="物理度量" id="CC_003"/>
        </xsd:restriction>
</xsd:simpleType>

<xsd:simpleType name="MD_RestrictionCode">
    <xsd:restriction base="xsd:NMTOKEN">
        <xsd:enumeration value="版权" id="RC_001"/>
        <xsd:enumeration value="专利" id="RC_002"/>
        <xsd:enumeration value="专利审查中" id="RC_003"/>
        <xsd:enumeration value="商标" id="RC_004"/>
        <xsd:enumeration value="许可证" id="RC_005"/>
        <xsd:enumeration value="知识产权" id="RC_006"/>
        <xsd:enumeration value="受限制" id="RC_007"/>
        <xsd:enumeration value="其他限制" id="RC_008"/>
    </xsd:restriction>
</xsd:simpleType>

<xsd:simpleType name="MD_ClassificationCode">
    <xsd:restriction base="xsd:NMTOKEN">
        <xsd:enumeration value="未分级" id="CL_001"/>
        <xsd:enumeration value="内部" id="CL_002"/>
        <xsd:enumeration value="秘密" id="CL_003"/>
        <xsd:enumeration value="机密" id="CL_004"/>
        <xsd:enumeration value="绝密" id="CL_005"/>
    </xsd:restriction>
</xsd:simpleType>
<xsd:simpleType name="CI_DateTypeCode">
    <xsd:restriction base="xsd:NMTOKEN">
        <xsd:enumeration value="完成生产" id="DT_001"/>
        <xsd:enumeration value="出版发行" id="DT_002"/>
        <xsd:enumeration value="更新修订" id="DT_003"/>
        <xsd:enumeration value="截止" id="DT_004"/>
        <xsd:enumeration value="施测" id="DT_005"/>
        <xsd:enumeration value="编制" id="DT_006"/>
        <xsd:enumeration value="航摄" id="DT_007"/>
        <xsd:enumeration value="接收" id="DT_008"/>
        <xsd:enumeration value="归档" id="DT_009"/>
    </xsd:restriction>
</xsd:simpleType>

<xsd:simpleType name="MD_CharacterSetCode">
    <xsd:restriction base="xsd:NMTOKEN">
```

```xml
            <xsd:enumeration value="big5" id="CS_028"/>
            <xsd:enumeration value="GB2312" id="CS_029"/>
            <xsd:enumeration value="GB18030" id="CS_030"/>
            <xsd:enumeration value="美国信息交换标准代码" id="CS_025"/>
            <xsd:enumeration value="通用字符集转换格式 8" id="CS_004"/>
        </xsd:restriction>
</xsd:simpleType>

<xsd:simpleType name="CI_RoleCode">
    <xsd:restriction base="xsd:NMTOKEN">
            <xsd:enumeration value="数据提供者" id="RO_001"/>
            <xsd:enumeration value="管理者" id="RO_002"/>
            <xsd:enumeration value="拥有者" id="RO_003"/>
            <xsd:enumeration value="用户" id="RO_004"/>
            <xsd:enumeration value="分发者" id="RO_005"/>
            <xsd:enumeration value="生产者" id="RO_006"/>
            <xsd:enumeration value="联系人" id="RO_007"/>
            <xsd:enumeration value="主要调查者" id="RO_008"/>
            <xsd:enumeration value="处理者" id="RO_009"/>
            <xsd:enumeration value="出版者" id="RO_010"/>
            <xsd:enumeration value="元数据维护者" id="RO_011"/>
            <xsd:enumeration value="保存保管者" id="RO_012"/>
            <xsd:enumeration value="编制者" id="RO_013"/>
        </xsd:restriction>
</xsd:simpleType>

<xsd:simpleType name="MD_TopicCategoryCode">
    <xsd:restriction base="xsd:NMTOKEN">
            <xsd:enumeration value="大地测量成果" id="TC_S01"/>
            <xsd:enumeration value="测绘航摄测量成果" id="TC_S02"/>
            <xsd:enumeration value="摄影测量与遥感成果" id="TC_S03"/>
            <xsd:enumeration value="工程测量成果" id="TC_S04"/>
            <xsd:enumeration value="地籍地理信息" id="TC_S05"/>
            <xsd:enumeration value="房产地理信息" id="TC_S06"/>
            <xsd:enumeration value="行政界线地理信息" id="TC_S07"/>
            <xsd:enumeration value="GIS 工程成果" id="TC_S08"/>
            <xsd:enumeration value="地图编制成果" id="TC_S09"/>
            <xsd:enumeration value="海洋地理信息" id="TC_S10"/>
            <xsd:enumeration value="军事地理信息" id="TC_S11"/>
            <xsd:enumeration value="其他地理信息" id="TC_S00"/>
            <xsd:enumeration value="综合地理信息" id="TC_S99"/>
        </xsd:restriction>
```

```xml
</xsd:simpleType>

<xsd:simpleType name="MD_SpatialRepresentationTypeCode">
    <xsd:restriction base="xsd:NMTOKEN">
        <xsd:enumeration value="矢量" id="SP_001"/>
        <xsd:enumeration value="格网" id="SP_002"/>
        <xsd:enumeration value="文字表格" id="SP_003"/>
        <xsd:enumeration value="三角网" id="SP_004"/>
        <xsd:enumeration value="立体模型" id="SP_005"/>
        <xsd:enumeration value="录像" id="SP_006"/>
        <xsd:enumeration value="影像" id="SP_007"/>
    </xsd:restriction>
</xsd:simpleType>

<xsd:simpleType name="MD_ProgressCode">
    <xsd:restriction base="xsd:NMTOKEN">
        <xsd:enumeration value="完成" id="PR_001"/>
        <xsd:enumeration value="历史档案" id="PR_002"/>
        <xsd:enumeration value="废弃" id="PR_003"/>
        <xsd:enumeration value="连续更新" id="PR_004"/>
        <xsd:enumeration value="计划中" id="PR_005"/>
        <xsd:enumeration value="急需" id="PR_006"/>
        <xsd:enumeration value="正在开发" id="PR_007"/>
    </xsd:restriction>
</xsd:simpleType>

<xsd:simpleType name="SC_VerticalReferenceSystemCode">
    <xsd:restriction base="xsd:NMTOKEN">
        <xsd:enumeration value="1956黄海高程基准" id="VR_101"/>
        <xsd:enumeration value="1985国家高程基准" id="VR_102"/>
        <xsd:enumeration value="独立高程基准" id="VR_103"/>
        <xsd:enumeration value="略最低低潮面(印度大潮低潮面)" id="VR_201"/>
        <xsd:enumeration value="理论深度基准面" id="VR_202"/>
        <xsd:enumeration value="国家重力控制网或称57网" id="VR_301"/>
        <xsd:enumeration value="1985国家重力基本网或称85网" id="VR_302"/>
    </xsd:restriction>
</xsd:simpleType>

<xsd:simpleType name="MD_TopoLogyLevelCode">
    <xsd:restriction base="xsd:NMTOKEN">
        <xsd:enumeration value="单纯几何" id="TL_001"/>
        <xsd:enumeration value="一维拓扑" id="TL_002"/>
        <xsd:enumeration value="平面图" id="TL_003"/>
```

```
            <xsd:enumeration value="完全平面图" id="TL_004"/>
            <xsd:enumeration value="表面图" id="TL_005"/>
            <xsd:enumeration value="完全表面图" id="TL_006"/>
            <xsd:enumeration value="三维拓扑" id="TL_007"/>
            <xsd:enumeration value="完全三维拓扑" id="TL_008"/>
            <xsd:enumeration value="抽象" id="TL_009"/>
        </xsd:restriction>
    </xsd:simpleType>

    <xsd:simpleType name="MD_GeometricObjectTypeCode">
        <xsd:restriction base="xsd:NMTOKEN">
            <xsd:enumeration value="复形" id="GO_001"/>
            <xsd:enumeration value="组合" id="GO_002"/>
            <xsd:enumeration value="曲线" id="GO_003"/>
            <xsd:enumeration value="点" id="GO_004"/>
            <xsd:enumeration value="立体" id="GO_005"/>
            <xsd:enumeration value="面" id="GO_006"/>
        </xsd:restriction>
    </xsd:simpleType>

    <xsd:simpleType name="MD_MapFormCode">
        <xsd:restriction base="xsd:NMTOKEN">
            <xsd:enumeration value="印刷成图" id="MF_001"/>
            <xsd:enumeration value="编制原图" id="MF_002"/>
            <xsd:enumeration value="编绘成图" id="MF_003"/>
            <xsd:enumeration value="航测成图" id="MF_004"/>
            <xsd:enumeration value="航测数字化图" id="MF_005"/>
            <xsd:enumeration value="其他" id="MF_006"/>
        </xsd:restriction>
    </xsd:simpleType>

    <xsd:simpleType name="MD_ResourceTypeCode">
        <xsd:restriction base="xsd:NMTOKEN">
            <xsd:enumeration value="测绘基准数据" id="RT_A01"/>
            <xsd:enumeration value="测量控制点" id="RT_A02"/>
            <xsd:enumeration value="矢量地图数据" id="RT_A03"/>
            <xsd:enumeration value="DEM" id="RT_A04"/>
            <xsd:enumeration value="影像数据" id="RT_A05"/>
            <xsd:enumeration value="数字栅格地图数据" id="RT_A06"/>
            <xsd:enumeration value="地名地址数据" id="RT_A07"/>
            <xsd:enumeration value="电子地图" id="RT_A08"/>
            <xsd:enumeration value="数据集系列" id="RT_A98"/>
```

```
            <xsd:enumeration value="其他数据集" id="RT_A99"/>
            <xsd:enumeration value="地形图" id="RT_B01"/>
            <xsd:enumeration value="黑图(二底图)" id="RT_B02"/>
            <xsd:enumeration value="专题地图" id="RT_B03"/>
            <xsd:enumeration value="影像地图" id="RT_B04"/>
            <xsd:enumeration value="历史地图" id="RT_B05"/>
            <xsd:enumeration value="地图集" id="RT_B06"/>
            <xsd:enumeration value="城市交通旅游图" id="RT_B07"/>
            <xsd:enumeration value="特种地图" id="RT_B08"/>
            <xsd:enumeration value="其他模拟地图" id="RT_B99"/>
            <xsd:enumeration value="模拟地图档案" id="RT_C01"/>
            <xsd:enumeration value="成果数据档案" id="RT_C02"/>
            <xsd:enumeration value="其他档案资料" id="RT_C99"/>
            <xsd:enumeration value="CSW" id="RT_D01"/>
            <xsd:enumeration value="WMS" id="RT_D02"/>
            <xsd:enumeration value="WFS" id="RT_D03"/>
            <xsd:enumeration value="WCS" id="RT_D04"/>
            <xsd:enumeration value="其他服务" id="RT_D99"/>
            <xsd:enumeration value="数字文档" id="RT_E01"/>
            <xsd:enumeration value="模拟文档" id="RT_E02"/>
            <xsd:enumeration value="其他文字资料" id="RT_E99"/>
            <xsd:enumeration value="GIS软件" id="RT_F01"/>
            <xsd:enumeration value="遥感软件" id="RT_F02"/>
            <xsd:enumeration value="导航软件" id="RT_F03"/>
            <xsd:enumeration value="电子地图软件" id="RT_F04"/>
            <xsd:enumeration value="其他通用软件" id="RT_F99"/>
            <xsd:enumeration value="内部应用系统" id="RT_G01"/>
            <xsd:enumeration value="公开网络应用系统" id="RT_G02"/>
            <xsd:enumeration value="其他应用系统" id="RT_G99"/>
            <xsd:enumeration value="电影与录像" id="RT_H01"/>
            <xsd:enumeration value="图片" id="RT_H02"/>
            <xsd:enumeration value="声音" id="RT_H03"/>
            <xsd:enumeration value="多媒体" id="RT_H04"/>
            <xsd:enumeration value="其他视听资料" id="RT_H99"/>
            <xsd:enumeration value="交互性资源" id="RT_I00"/>
            <xsd:enumeration value="设施设备" id="RT_J00"/>
            <xsd:enumeration value="单位团体" id="RT_K00"/>
            <xsd:enumeration value="活动与事件" id="RT_L00"/>
            <xsd:enumeration value="复合类型" id="RT_Z00"/>
        </xsd:restriction>
</xsd:simpleType>
```

```
<xsd:simpleType name="CI_OnLineFunctionCode">
    <xsd:restriction base="xsd:NMTOKEN">
        <xsd:enumeration value="数据下载" id="OL_001"/>
        <xsd:enumeration value="在线说明" id="OL_002"/>
        <xsd:enumeration value="获取说明" id="OL_003"/>
        <xsd:enumeration value="在线订购" id="OL_004"/>
        <xsd:enumeration value="查询检索" id="OL_005"/>
        <xsd:enumeration value="在线服务" id="OL_006"/>
    </xsd:restriction>
</xsd:simpleType>

<xsd:simpleType name="DS_AssociationTypeCode">
    <xsd:restriction base="xsd:NMTOKEN">
        <xsd:enumeration value="相互引用" id="AT_001"/>
        <xsd:enumeration value="组成元素" id="AT_002"/>
        <xsd:enumeration value="部分与整体" id="AT_003"/>
        <xsd:enumeration value="成果来源" id="AT_004"/>
        <xsd:enumeration value="立体像对" id="AT_005"/>
    </xsd:restriction>
</xsd:simpleType>
</xsd:schema>
```

参 考 文 献

［1］ CH/T 1007—2001　基础地理信息数字产品　元数据
［2］ W3C recommendation (14 January 1999)　Namespaces in XML
［3］ W3C recommendation (2 May 2001)　XML schema—Part 1：Structures
［4］ W3C recommendation (2 May 2001)　XML schema—Part 2：Datatypes
［5］ W3C recommendation (6 October 2000)　Extensible markup language (XML) 1.0 (second edition)
［6］ W3C recommendation (27 June 2001)　XML Linking Language (XLink) (version 1.0)
［7］ IETF RFC 1738　Uniform resource locators
［8］ IETF RFC 2056　Uniform resource locators for Z39.50
［9］ GB 18030—2005　信息技术　中文编码字符集
［10］ ISO 10646　Information technology—Universal multiple-octet coded character set